高等院校艺术与设计类教材

Furniture Innovative Design

家具创新设计

董石羽 主编

西南交通大学出版社
·成都·

图书在版编目（CIP）数据

家具创新设计/董石羽主编. —成都：西南交通大学出版社，2016.1
ISBN 978-7-5643-4208-1

Ⅰ. ①家… Ⅱ. ①董… Ⅲ. ①家具–设计–高等学校–教材 Ⅳ. ①TS664.01

中国版本图书馆 CIP 数据核字（2015）第 195866 号

家具创新设计
董石羽　主编

责 任 编 辑	罗小红
特 邀 编 辑	叶　俊
封 面 设 计	邵　杨
出 版 发 行	西南交通大学出版社 （四川省成都市二环路北一段 111 号 西南交通大学创新大厦 21 楼）
发 行 部 电 话	028-87600564　028-87600533
邮 政 编 码	610031
网　　　　址	http://www.xnjdcbs.com
印　　　　刷	四川省印刷制版中心有限公司
成 品 尺 寸	185 mm×260 mm
印　　　　张	8.25
字　　　　数	162 千
版　　　　次	2016 年 1 月第 1 版
印　　　　次	2016 年 1 月第 1 次
书　　　　号	ISBN 978-7-5643-4208-1
定　　　　价	48.00 元

课件咨询电话：028-87600533
图书如有印装质量问题　本社负责退换
版权所有　盗版必究　举报电话：028-87600562

总 序

安居才能乐业,这是人类的共识。对人而言,家居环境和家具的设计不仅是生理功能上的需求,更是心理和精神的愿景。

改革开放以来,国外的先进设计理念纷纷涌入中国,家居设计作为中国古老的设计门类,也受到了强势的冲击。以创新为核心的家居设计,逐渐成为家居设计行业的重点,并在该领域相关人员的不断努力下,取得了可观的成绩。

西南交通大学工业设计系董石羽老师撰著的《家具创新设计》,不仅展现了著者在多年的教学工作中积累的丰富的家具设计经验,也充分反映了他独特的研究视角和设计理念。毫无疑问,这部专著的成功付梓,对我国方兴未艾的设计教育,特别是家具设计的教学和研究来说是一件值得庆幸的事。

石羽君的这本著述,一改以往介绍家具的结构、造型以及材料肌理的单一的设计叙述之风,引入了材料学、人机工程学、结构力学等知识,从理性的角度分析和对比了古今中外各种类型的家具特点,总结了众多可以借鉴的宝贵经验,显现出这本专著的罕见价值和特有的魅力。

《家具创新设计》,深入系统地梳理和阐释了家具设计的规律和特质,并结合近年来的设计实践和理论研究,就家具材料、人机工程学的理念、家具结构力学和生活环境空间的设计等现实问题,进行了颇为具体的探究,同时,对人性化理念的家具设计,做了相当精辟的叙述和论证……细细读来,该部专著首先是全书结构合理,符合读者思维和阅读习惯,基本做到了一目了然;其次为内容充实,观点鲜明,基本反映出这一领域最新的研究成果和动态;再者是文风平实,表达明晰,行文精炼,富于逻辑性,便于读者领会和把握;另外,这部专著大量的设计案例和图片,充分展现了阅读的优势,便于读者深度探研,全面理解。

值得一提的是,这部专著具有一定的思辨性、启示性,并注意到引发读者的共鸣和思考的可能性,在某些问题上有作者个人的见解和主张。

总之,《家具创新设计》的问世,带着一股清新的风,以其切实的可读性和应用性呈现在我们面前,相信它的出版将在学界和广大读者中产生可观的作用和影响。

收笔之前,谨向石羽君表示由衷的恭贺!

张夫也

2014年春于北京清华园

(张夫也,清华大学美术学院教授、博士生导师)

前言

家具是指室内供人们坐、卧或支承与贮存物品等满足使用的功能性需求以及能使人在接触和使用过程中产生审美快感和丰富联想的物质产品，它既是物质产品，又是艺术创作。因此，家具设计既是一门艺术，又是一门应用科学。现代家具设计是在现代工业化生产方式的基础上，融合艺术设计学、建筑学、技术美学、现代材料学、现代加工工艺学、人体工学等形成的一种集科学、艺术与技术的复合型学科。不同地域不同时期，家具设计风格不同，随着工业以及美学的发展，家具设计业迅速发展，呈现百花竞放的状态。

中国有着悠久的家具设计历史，尤其是明朝硬木家具最为世人推崇和欣赏。外国家具风格与中国不同，以哥特式风格、巴洛克风格、洛可可风格以及新古典主义风格最为典型。19世纪中叶以后，随着工业革命、新材料、新工艺的发展，以及不同国家间文化融合以及设计理念的交流，现代家具设计飞速发展。尤其是在20世纪70年代以后，现代家具设计朝着高科技、多元化发展。中国现代家具设计相对落后，设计理念也与世界潮流有所差距。

本书在多年设计经验和充分调研的基础上，将先进的设计理念、各种材料的性能以及先进的材料加工工艺收入书中，引入大量家具设计案例，并配有丰富的图片，图文结合，形象生动，帮助读者理解内容。本书不仅可以作为相关专业人员的学习教材，也便于非专业人员的自学，以期达到启发性教学、提高国内家具设计水平的目的。

本书内容主要包括家具设计的含义与发展历程；家具材料与结构；家具设计流程与影响因素以及家具设计的发展潮流等，其中本书第二章、第四章为董磊编写；第三章、第六章为王超编写；第四章第二节为李芳宇编写。

由于笔者能力有限，书中难免出现疏漏和谬误，衷心希望广大读者不吝指教、批评指正。

目录 contents

第一章
什么是家具设计？

第一节 家具的涵义……3

第二节 家具的分类……4

第三节 家具设计概述……6

第二章
探寻中外家具设计发展历程

第一节 中国家具历史……14

第二节 外国家具历史……18

第三节 现代家具设计历史……22

第三章
认识家具材料与结构

第一节 木材……34

第二节 金属……38

第三节 布艺……42

第四节 竹藤……43

第五节 玻璃……46

第六节 塑料……48

附 件

一、世界优秀家具作品赏析

二、世界知名家具公司介绍

三、家具设计师国家职业标准

第四章
影响家具设计的诸要素

第一节　功能因素……62

第二节　人机因素……63

第三节　文化因素……73

第四节　形态因素……74

第五节　色彩因素……76

第六节　环境因素……77

第五章
如何有效完成家具设计？

第一节　家具设计的程序…………80

第二节　家具设计方法及要点……83

第六章
把握现代家具设计发展潮流

第一节　生态设计观（ECO-DESIGN）
　　　　绿色设计倾向………………89

第二节　与高科技结合的虚拟现实设计
　　　　…………96

第三节　情感化设计的倾向……………97

第一章

什么是家具设计？

第一节 家具的涵义

第二节 家具的分类

第三节 家具设计概述

知识链接

第一章　什么是家具设计？

自人类有了遮风避雨的简陋棚屋起，家具便伴随着人们的生活起居、生产劳动产生了。随着人们文化与生产水平的提高，家具不断发展完善，逐渐产生了各种不同的形式和种类，并反映出不同时代人类的生活方式和社会生产力水平。在其发展演变过程中，家具逐渐融科学、技术、材料、文化和艺术于一体，家具中的设计成分也随之日益突显出来，并最终随着社会分工的逐渐细化，时至今日已发展成一个重要的独立设计门类。几千年来，家具设计和建筑、雕塑、绘画等造型艺术的形式与风格同步发展，成为人类文化艺术的一个重要组成部分。所以，家具的发展进程，不仅反映了人类物质文明的发展，也显示了人类精神文明的进步。

现代家具设计是在现代工业化生产方式的基础上，融合艺术设计学、建筑学、技术美学、现代材料学、现代加工工艺学、人体工学等学科形成的，是一门集科学技术与艺术的复合型学科，具有综合性与创造性的特征。因此要成为一名合格的现代家具设计师，必须具备广博的知识面、扎实的专业基础、创造性的思维方式和科学的设计方法。当然，具体的设计实践也是非常重要的，只有在实践中，设计师设计的各种优美造型和创意才能不断地得到完善，并最终得以实现。本书将通过对大量家具设计案例的分析，直观、系统地讲解有关家具设计的各种知识，以及如何把它们很好地融合到设计之中去。

2004年12月中国劳动和社会保障部颁布的第二批新职业目录里已经正式把家具设计师列为新职业。

第一节
家具的涵义

家具，英文为 furniture 或 funishing，来自于法文 founiture 和拉丁文 mobilis，具有设备、可移动的装置、陈设品、服饰品等含义。随着社会的进步和人类的发展，家具的内涵及外延也愈加宽泛起来：从木器时代演变到金属时代，塑料时代，生态时代；从建筑到环境，从室内到室外，从家庭到城市；从功能到形式、从实用到艺术，从物质到精神。由此我们可以看出家具的设计与制造都是为了满足人们不断变化的功能需求，创造更美好、更舒适、更健康的生活、工作、娱乐和休闲方式。人类社会和生活方式在不断地变革，新的家具形态将不断产生，因此家具设计的创造是具有无限生命力的。

家具在其涵义上分为广义和狭义两种。

广义的家具是指人类维持日常生活、从事生产实践和开展社会活动必不可少的物质器具，几乎涵盖了所有的环境产品、城市设施、家庭空间、公共空间等。除了下文谈到的狭义家具外，还包括城市家具（公共设施）等。

狭义家具是指在建筑物的室内空间中供人们坐、卧或支承与贮存物品等满足使用的功能性需求，且亦能使人在接触和使用过程中产生某种审美快感和引发丰富联想的精神需求的物质产品。随着时代的进步家具逐渐发展成为一种广为普及的大众艺术，也就是说家具除了是一种具有实用功能的物品外，更是一种具有丰富文化形态的艺术品，且随着时间的发展其艺术性愈加凸现出来。由此我们获得了对家具的认识：既要满足某些特定的用途，又要满足供人们观赏的审美特性。因此家具既是物质产品，又是艺术创作，此即通常所说的家具的双重性。

本书所定义的家具即我们通常所理解的狭义上的家具。

第二节
家具的分类

根据家具所承担功能（用途）及所使用材料、结构、形式及时代（风格）的不同，大致可以从以下几个方面进行分类。

（1）按时代风格将家具分为：新中式家具、明式家具；巴洛克式古典家具、洛可可式家具、新古典系列家具、美式家具以及近两年比较流行的田园家具、北欧家具，等等。（如图1-1、图1-2、图1-3、图1-4）

图1-1

图1-2

图1-3

图1-4

- 图1-1 明式家具——高扶手南官帽椅
- 图1-2 巴洛克式家具
- 图1-3 明式家具
- 图1-4 北欧家具

第一章 什么是家具设计？

图 1-5

图 1-6

图 1-7

图 1-8

图 1-9

图 1-10

- 图 1-5 藤编家具
- 图 1-6 竹编家具
- 图 1-7 玻璃家具
- 图 1-8 塑料家具
- 图 1-9 拆装式家具
- 图 1-10 折叠式家具

（2）按所用材料将家具分为：实木家具、皮革家具、藤编家具、竹编家具、金属家具、钢木家具、塑料家具，及其他材料组合的家具，如玻璃、大理石、陶瓷、无机矿物、纤维织物、树脂等。（如图 1-5、图 1-6、图 1-7、图 1-8）

（3）按功能及用途将家具分为：办公家具、客厅家具、卧室家具、书房家具、儿童家具、厨卫家具(设备)和辅助家具等。

（4）按结构类型将家具分为：固定式家具、拆装式家具、折叠式家具，或板式家具、框式家具、曲木式家具等。（如图 1-9、图 1-10）

（5）按基本形式将家具分为：椅凳类（如扶手椅、工作椅等）、沙发类（各类沙发等）、桌几类（桌子、茶几等）、柜橱类（衣柜、书柜、五斗橱等）、床榻类及其他类（屏风、花架等）。

- 图 1-11 家具设计体现生活方式
- 图 1-12 咖啡馆的桌椅

图 1-12

第三节
家具设计概述

　　家具作为一种信息载体,其类型、数量、功能、形式、风格和制作水平集中反映了一个国家与地区在某一历史时期的社会生活方式,社会物质文明的水平以及历史文化特征。家具作为对某一国家或地域在某一历史时期社会生产力发展水平的标志,凝聚了丰富而深刻的社会性,主要表现在以下三个方面。

一、家具设计是人类生活方式的缩影

　　家具自伴随人类文明的发展产生以来,就与人类的生活方式有着密切的关系。根据社会学家的统计,大多数社会成员在家具上接触的时间占人一生的三分之二以上。因此家具作为人类生活必不可少的生活器具,亦是各种生活方式的缩影。当然生活方式的变化同样也促进了家具的发展,生活方式的多样性也决定了家具的多样性。回顾家具发展史不难发现,家具正是反映某一历史阶段的生产力水平、科学文化水准、社会心理、

图 1-13　　　　　　　　　　　　　　　　　　　图 1-14

- 图 1-13 Hans Wegner 设计的 Flag Halyard 椅
- 图 1-14 Arne Jacobsen 设计的 swan 椅
- 图 1-15 Alvar Aalto 所设计 Nr 39 椅子

风俗习惯的有力佐证。家具文化正是不同民族、不同地域、不同历史时期、不同文化传统和价值观念的整合。因而可以说，生活方式决定了家具的本质，设计家具也是设计一种生活方式。例如：设计一把椅子，就是设计一种"坐"的方式，推而广之，我们设计一组家具就是设计一种生活方式，如工作方式、学习方式、休闲娱乐方式、烹调方式、进餐方式等。（如图 1-11、图 1-12）

二、家具设计是人类文化的重要体现

人类的一切文化都是从造物开始的，家具设计便是人类造物活动的一个重要组成部分。家具设计同其他产品设计一样，是通过实现功能的物质载体来体现人类文化体系的造物活动，是人类文化的重要体现。

家具文化是物质文化、精神文化和艺术文化的整合。作为物质文化，家具是人类社会发展、物质生活水平和科学技术发展水平的重要标志；作为艺术文化，家具是环境与室内空间构成的一项重要内容，它的造型、色彩和艺术风格与环境、室内空间艺术共同营造特定的艺术氛围；作为精神文化，家具具有教育功能、审美功能、对话功能、娱乐功能等，其自身的艺术形式直接或间接地通过隐喻符号或文脉思想，反映当时的社会思想与宗教意识，实现象征功能与对话功能。

此外，值得我们关注的是，家具设计在其发展过程中，其文化性还突出表现出两个方面的特性，即民族性

图 1-15

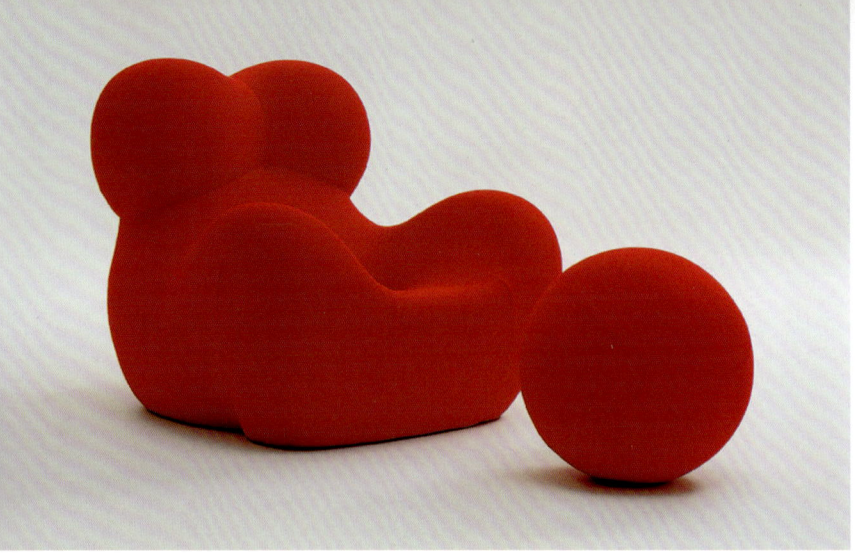

图 1-16　　　　　　　　　　　　　　　　　　　图 1-17

与时代性。

1. 民族性——家具设计的基础

世界上每个民族，由于不同的自然条件和社会条件的制约，必然形成自己独特的语言、习惯、道德、思维、价值和审美观念，形成自己特有的文化。家具设计的民族性主要表现在设计文化的观念层面上，它能直接反映整个民族的心理共性。不同的民族、不同的环境造成不同的文化观念，直接或间接地影响他们的家具设计风格特征。例如，北欧家具设计师利用其丰富的林业资源等自然材料、传统手工艺并结合其民主精神，加上现代化的技术条件，使得北欧设计成为世界独一无二的"有机现代主义"设计，英语称之为"organic modern"，成为反映其民族精神的典范之作，获得业界一致好评。（如图 1-13、图 1-14、图 1-15）

2. 时代性——家具风格形成的原因

家具设计的发展过程和整个人类文化的发展过程一样，也有其阶段性，即不同历史时期的家具风格显现出家具文化不同的时代特征。在农业社会，家具表现为手工制作，因而家具的风格主要是古典式，或精雕细琢，或简洁质朴，均留下了明显的手工痕迹。在工业社会，家具的生产方式为工业批量生产，产品的风格表现为现代式，造型简洁平直，几乎没有特别的装饰，主要追求一种机械美、技术美。在当代信息社会，又转而注重文脉和文化语义，因而家具风格

• 图 1-17 Gaetano Pesce 设计的 Donna Up(2000 年)
• 图 1-18 具有时代特征的当代座椅设计 Marc newson 的 Embryo_Chair（胚胎椅）

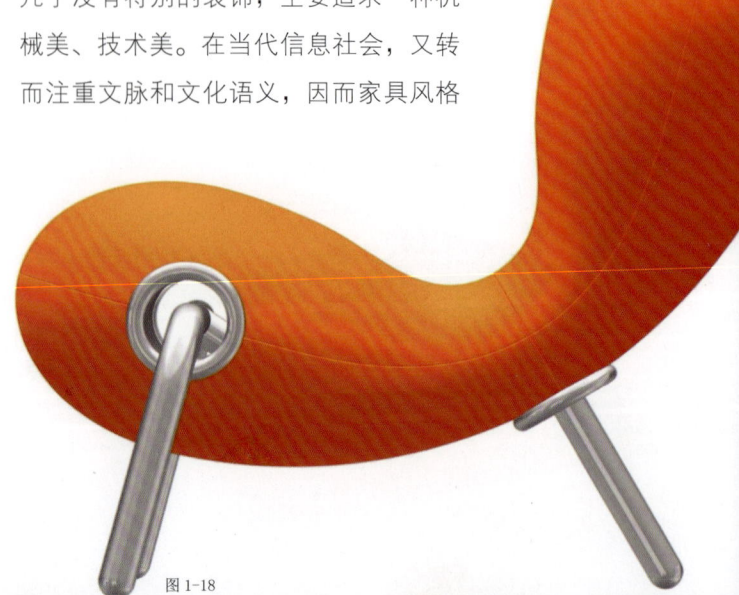

图 1-18

图 1-19(1)　　　　　　　　　　　　　　图 1-20

- 图 1-19 哥特式建筑
- 图 1-19 中世纪哥特风格家具具有与哥特式建筑相同的特征线条和装饰图
- 图 1-20 现代主义的开拓者包豪斯学校建筑外立面及内室的 Wassily 椅，二者有着必然的联系

呈现了多元的发展趋势，既要现代化，要反映当代人的生活方式，反映当代的技术、材料和经济特点，又要在家具艺术语言上与地域、民族、传统、历史等方面进行同构与兼容。从共性走向个性，从单一走向多样，家具与室内陈设均表现出强烈的个人色彩，正是当前家具的时代性特征。（如图 1-16、图 1-17、图 1-18）

三、家具设计与其他学科的关系

纵观现代家具的发展过程，我们会发现有两条重要的平行的发展线索：一方面是新技术与新材料带来了家具工艺技术的不断革新与进步；另一方面，就是现代艺术尤其是现代建筑设计、现代工业产品设计的兴起和发展带来了家具造型设计的不断演变和创新。我们知道任何事物的存在与发展都不是孤立的，同其他设计一样，家具设计的存在与发展也与其他设计息息相关，主要体现在与以下几种设计的关系上。

1. 家具设计与建筑设计

家具的发展和建筑的发展一直是并行的关系，建筑样式和风格的演变一直影响着家具样式和风格。家具的发展与建筑有着一脉相承和密不可分的血缘关系，这种学科上的整体关系在西方一直是家具风格发展的主流。（如图 1-19、图 1-20）

2. 家具设计与室内设计

家具是构成建筑环境室内空间的使用功能和视觉美感的至关重要的因素，由于家具是建筑室内空间的主体，人类的工作、学习和生活在建筑空间中都是以家具来演绎和展开的，无论是生活空间、工作空间、公共空间，还是在建筑室内设计上都要把家具的设计与配套放在首位。（如图 1-21、图 1-22）

3. 家具设计与工业设计

工业革命揭开了人类文明史新的一页，工业时代的来临使得现代家具设计具有三个基本的特征：一是建立在大工

图 1-19(2)

图1-21

图1-22

业生产的基础上；二是建立在现代科学技术发展的基础上；三是标准化、模块化的制造工艺。所以，现代家具设计属于现代工业产品设计的一类。(如图1-23、图1-24)

4. 家具设计与艺术

如前文所述，家具是科学技术与文化艺术结合的一种具有实用性的艺术品，因此两者的比重随着不同的家具设计和风格，时而更多的偏重于科技，时而更多的偏重于艺术。随着现代大美术概念的出现，家具与艺术的关系越来越密切，尤其是历代家具的风格演变一直与同时期的艺术、建筑同步发展。艺术对家具的造型与设计的发展影响极大，如中世纪艺术风格、文艺复兴艺术风格、巴洛克艺术风格，乃至于近现代的新艺术运动、装饰艺术运动及现代主义运动等都产生了相应的家具风格。(如图1-25、图1-26、图1-27、图1-28)

5. 家具设计与科学技术

科学技术的不断进步推动着家具的更新换代，新技术、新材料、新工艺、新发明带来了现代家具的新设计、新造型、新色彩、新结构、新功能。同时，人们的审美观念、流行时尚、生活方式也总

- 图1-21 生活空间中的家具
- 图1-22 生活空间中的家具

是随着科学技术的发展而变化。例如，工业革命后，现代冶金工业生产的优质钢材和轻金属被广泛地应用于家具设计，使家具从传统的木器时代发展到金属时代；第二次世界大战后，人造胶合板材料、新的弯曲技术和胶合技术、特别是塑料这种现代材料的发明为家具设计师提供了更大的创造空间；20世纪90年代兴起的以信息技术为代表的新技术革命使得计算机技术在家具行业得到广泛应用，计算机辅助设计（Computer Aided Design, CAD）全面进入现代家具设计领域，计算机数控机械加工技术在家具制造工艺中日益普及，并正进一步向计算机综合制造（Computer Integrated Manufactuing, CIM）方向发展。

图1-23

图1-24

- 图 1-23 工厂里标准化、批量化生产的 Monza 椅
- 图 1-24 Miura 吧凳生产线
- 图 1-25 Miura 吧凳

图1-25

图 1-26

图 1-27

图 1-28

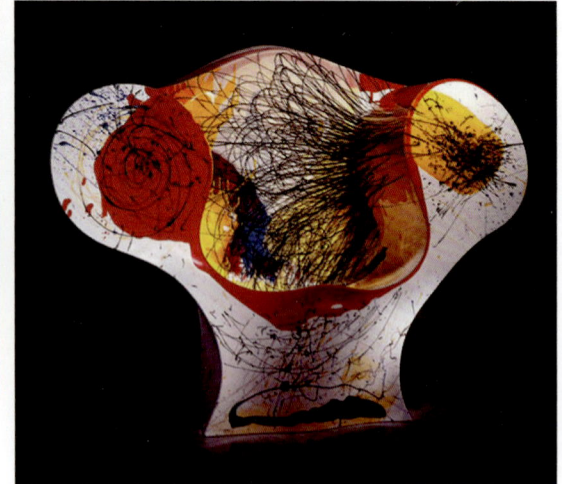

图 1-29

- 图 1-26 新艺术运动时期法国画家穆哈的作品
- 图 1-27 同为新艺术运动时期的法国设计师吉马德设计的沙发
- 图 1-28 具有现代主义风格的画作和家具
- 图 1-29 有些家具本身就是件充满现代主义气息的艺术品
  ——Ron Arad 的 Big Easy 沙发

第二章
探寻中外家具设计发展历程

第一节 中国家具历史

第二节 外国家具历史

第三节 现代家具设计历史

知识链接
案例直击
聚焦经典

第二章
探寻中外家具设计发展历程

第一节 中国家具历史

中国传统家具从上古一直发展到近代，与西方家具的历史迥然不同，设计风格上与东西方文化差异是相关的。由于民族特点、风俗习惯、地理气候、制作技巧等的原因，中国传统家具形成了独特的风格，建立了一种工艺精湛、耐人寻味的东方家具体系，具有强烈的中国艺术风格特点。

古人的起居方式有席地而坐和垂足而坐两种。因此，中国古代家具形体变化主要围绕着低矮家具和高型家具两大形式展开。

知识链接

1978—1980年，中国社会科学院考古研究所在发掘山西襄汾县陶寺村新石器时代晚期遗址（公元前2500—前1900）时，从器物痕迹和彩皮辨认出随葬品中已有木制长方平盘、案俎等，这是迄今发现的最早的中国木家具。

案例直击

- 图2-2 战国牛虎铜案
- 图2-3 轪侯子墓帛画——马王堆帛画（局部）
- 图2-4 唐韩熙载夜宴图
- 图2-5 仙人六博——新津崖墓石函石刻
- 图2-6 汉画像砖

图2-2

图2-3

图2-4

第二章 探寻中外家具设计发展历程

图 2-1

上古至秦汉时期，家具是典型的低矮型家具。秦汉时期人们起居仍是席地跪坐或盘膝坐，垂足坐开始出现但尚未普及，所用的家具如：席、案、几等，皆随功能在室内布置，并没有固定的位置。这一时期家具的主要特点是大多数家具均较低矮，但是已经具有由低矮型向高型演进的前兆。

三国两晋南北朝时期，是中国古代家具发展史上是一个重要时期：上承两汉，下启隋唐。由于胡床等高型家具从少数民族地区传入中原，并与中原家具融合，中国古代家具出现了渐高家具，椅、凳等家具开始渐露头角，卧类家具也渐渐变高。围绕席地而坐和垂足坐两种方式，此时的中国古代家具出现了低矮型和高型两大家具系列。

到隋唐时期，社会上大多数人已经习惯垂足而坐，高型家具迅速发展到完全定型，形成了新式高型家具的完整组合。典型的高型家具椅子、凳、桌子等，已经出现并且流行。到了宋代，这种类型的家具已经完全普及，替代了席地而坐的低矮家具。

知识链接

图 2-1 战国九连墩墓文物——铜案

九连墩战国古墓群位于湖北省枣阳市吴店镇东赵湖村，由 9 座大中墓葬封土堆组成，是省级文物保护单位。这座古墓是战国中后期、楚国鼎盛时期的墓葬，是中国已发掘的楚墓中保存最完好的，还是湖北发现的最大的夫妻墓，墓葬规格都在封君以上。

图 2-5

图 2-6

案例直击

- 图2-7 明式家具云牙嵌珠翘头案
- 图2-8 明式家具风格
- 图2-9 明式家具细节

中国传统家具风格发展到明清时代的高型家具，可以说已经完全成熟。

明式家具是中国古典家具发展历史上的辉煌时期。中国古代家具经历了数千年的发展，明朝时代生产的硬木家具最为世人所推崇和欣赏。明式家具用材讲究、古朴雅致。选用坚致细腻、强度高、色泽纹理美的硬质木材，以蜡饰表现天然纹理和色泽，浸润了明代文人追求古朴雅致的审美趣味。明式家具作为民族的精粹在我国古代家具史上占有崇高的地位。

清代家具的特点是工艺精湛，达到了传统家具的又一个高峰。在继承中国传统家具特点的过程中，清式家具还吸收了外来文化，具有鲜明的时代风格。康乾盛世时期，清朝因为经济的繁荣，地域的辽阔，还形成了不同地区的家具风格，如广式、苏式、京式等，其风格各具特色。清式家具独特的艺术风格表现在造型上厚重稳妥、装饰上富丽堂皇、工艺上技术精湛。清式传统中国家具距离当代时间较近，流传下来许多家具实物，对中国近现代家具设计影响较大。

图2-7

图2-8

图2-9

> 知识链接

明式家具的典型类别

明式床榻：其种类很多，有榻、有酷似一座小房屋的架子床、有庄严肃穆的罗汉床、有房中套房的拔步床等。

明式座椅：开始采用硬木制造，品质精美，驰名中外，品种繁多：有像古代官帽式样的官帽椅，有圈背连着扶手的开光座墩等。

明式屏风：较之宋代屏风无论在制作上，还是在品种样式上都有了大的发展，制作更为精巧。样式有六屏、八屏、十二屏不等。

家具结构

早期的木家具已从建筑中移植应用榫卯结构。1979 年，在江西贵溪春秋晚期崖墓出土的两件木制架座残件中，发现了方形榫槽。木家具如几、案、床类形体较大的家具，多为框架结构，以榫卯连接。常用的榫接形式有十字搭接榫、闭口贯通榫、闭口不贯通榫、开口不贯通榫、明燕尾榫等。如信阳楚墓出土的大木床、雕花漆几、木俎等，在足与框架、足与案面、屉板木梁与边框、围栏矮柱与床框之间的连接，就采用了以上各种榫接方法，结合牢固，外形美观。这些结构经历代不断改进、发展，形成中国传统家具的重要特征，并沿用至今。

> 案例直击

- 图 2-10 清式家具
- 图 2-11 清式家具

图 2-10

图 2-11

图 2-12(1)　　　　　　　　　　图 2-12(2)　　　　　　　　　　图 2-12(3)

第二节
外国家具历史

上古时代各个文明古国的家具风格差异跟文化上的差异是一致的。除中国以外，古代灿烂夺目的文明还有古埃及文明，古希腊罗马文明，古西亚文明，古印度文明等。其中古埃及文明和古希腊罗马文明深刻影响了现代西方文明，其家具风格和发展不可避免地深刻地影响着西方现代家具设计的历史。

研究古埃及家具风格，不仅可以通过壁画等艺术图形资料，难得的是还可以通过留存的家具实物，这全依靠埃及特殊的地理位置和其独特的气候以及埃及人的信仰特点，使 5 000 年以前制造的家具还能够保存到今天。典型的古埃及时期家具比例合理，材料多样，局部会装饰以彩绘和镶嵌。座面往往具有弧度，这表明了一定的人体工程学思想。因为埃及文化的特点，因此家具基座腿部多是动物造型。制造工具已经初步成熟，榫卯结构和木钉也已经出现。古埃及家具为西方现代家具的发展奠定了良好的基础，希腊化时期，它影响了希腊的家具；

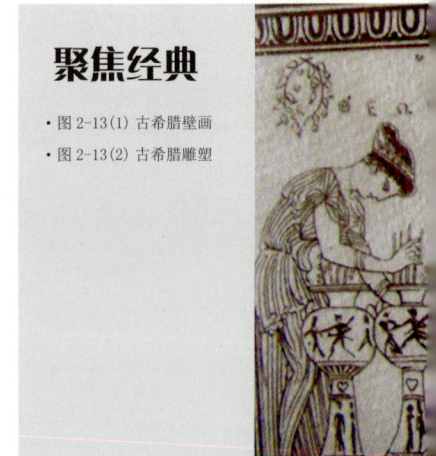

聚焦经典

- 图 2-13(1) 古希腊壁画
- 图 2-13(2) 古希腊雕塑

聚焦经典

- 图2-12(1) 古埃及壁画1
- 图2-12(2) 古埃及壁画2
- 图2-12(3) 古埃及壁画3
- 图2-12(4) 古埃及壁画4

图2-12(4)

罗马帝国时期,它影响了罗马的家具;到了19世纪,它又影响了欧洲的家具。

古希腊是欧洲文化的发源地。希腊神话是希腊艺术的土壤,包含着对自然奥秘、历史和哲学的理性思索,"神人同形同性"的特点促使艺术与生活息息相通。古希腊文化体现出民主与平民的文化,这也深刻影响到了家具的形态发展。与古希腊雕塑和建筑一样,古希腊家具也高度体现了线条流畅、造型优美的特点;装饰特别丰富,各种动物、人物以及几何图形都是常用的题材。技术方面古希腊家具出现了旋木技术,青铜和石材是常用的材料。古罗马文化是古希腊文化的继承和发扬。

图2-13(1)   图2-13(2)

中世纪及之后的西方古典家具风格主要包括哥特式、巴洛克风格、洛可可风格和新古典风格。

哥特式家具是由哥特式建筑风格演变而来，13世纪后期哥特式建筑风靡于欧洲大陆，家具也体现出哥特式建筑的视觉特点，装饰以高耸的尖拱，具有强烈的宗教色彩，体现的是神权的威严。伟大的文艺复兴运动使得欧洲文化冲破了宗教的桎梏，宣扬人文主义，强调人类的价值。

巴洛克风格最大的特征是继承了文艺复兴的影响，家具风格也达到了另外一个高峰。浪漫主义是其造型艺术设计的出发点，具有比例夸张、尺度超大的艺术造型特色，这一时期家具风格主要基于家具本身的功能需要以及生活需要。最大的特点是其着重于整体结构，继承了文艺复兴时期复杂的装饰，加强了家具在视觉上的华贵效果。

案例直击

- 图 2-14-1 哥特式家具
- 图 2-14-2 哥特式家具 mark-twain-koa-chair
- 图 2-14-3 哥特式家具 French_Triple_Mirrored_Armoire
- 图 2-15-1 巴洛克——Gustavian made ca year 1800
- 图 2-15-2 巴洛克家具 -Kommode

图 2-14-1

图 2-14-2

图 2-14-3

聚焦经典

图 2-16-3

- 图 2-16-1 洛可可风格家具——Rococo 17th
- 图 2-16-2 洛可可风格家具——Rococo armchairs
- 图 2-16-3 洛可可风格家具

洛可可风格家具于18世纪30年代逐渐代替了巴洛克风格。洛可可家具的最大成就是在巴洛克家具的基础上进一步将优美的艺术造型与舒适的功能效果巧妙地结合在一起，形成完美的工艺作品。特别是家具的形式和室内陈设、室内墙壁的装饰完全一致，形成一个完整的室内设计的新概念。洛可可风格家具通常以优美的曲线框架，配以锦缎，再加上青铜镀金、雕刻描金、镶嵌花线等手法，在视觉上形成极端华贵的整体感觉。

18世纪到19世纪，因为工业革命与政治改革的影响，欧洲发生了巨大的社会变化，新兴的资产阶级与启蒙主义思想开始怀念与追求古典主义的家具设计风格。这段时期的家具风格尽管带有古典西方家具风格色彩，但是已经面向现代。人体工程学因素的增多和几何形态的应用，意味着巨大的变革已经来临，欧洲家具风格即将进入灿烂的现代设计时代。

图 2-15-1　　　　图 2-15-2　　　　图 2-16-1　　　　图 2-16-2

第三节
现代家具设计历史

19 世纪中叶,在工业革命的推动下,新材料、新工艺不断产生,促使设计师改变旧有设计模式,寻找适应工业化生产,适应新材料、新工艺的新家具设计风格。现代家具的发展大致可分为以下几个阶段:19 世纪后期至第一次世界大战前是现代家具的探索及发生的时期。第一次世界大战至第二次世界大战前是现代家具成熟和进一步发展的时期。第二次大战后至 20 世纪 60 年代是现代家具高度发展的时期。20 世纪 70 年代至今是科技高度发展、面向未来的多元时期。

包豪斯之前的西方家具设计风格,主要包括工艺美术运动,新艺术运动以及风格派等前卫设计团体的探索过程。

- 图 2-17-1 威廉·莫里斯——kelmscott_chaucer
- 图 2-17-2 威廉·莫里斯——工艺美术运动 Morris_Woodpecker_tapestry_detail

第二章 探寻中外家具设计发展历程

图 2-18

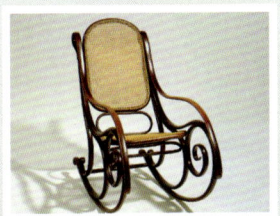

图 2-19

在19世纪后期现代家具的探索时期，以英国人拉斯金与威廉·莫里斯为首的一批艺术家和建筑家，主张艺术和技术相结合的路线，推崇优良的手工艺技能以求创新设计形式，他们否定了机械生产的可行性，创造出一种简单朴实的新型家具风格。最重要的是工艺美术运动推动当时的著名建筑师都参与家具设计，使这种家具设计风格得以不断发展。

随后的新艺术运动在比利时、法国分别兴起，并影响到奥地利的"维也纳分离派"和德国的"青年风格"，他们的目标是反对传统风格，倡导曲线形式，讲求功能，反对矫饰，寻求一种可以代表新时代的设计形式。

知识链接

1. 索内椅

索内是奥地利人，生于莱茵河畔，于1819年建立了一个家具作坊。索内家具造型简练优美，适合大批量生产，即使200年后的今天仍然非常时尚。索内椅生产时各构件就易于拆装，可以把运输空间压缩到极小。由于其内含的超越时代的现代设计元素，索内椅的一些形式至今仍在生产中，它是20世纪最成功的家具设计之一。

- 图 2-18 索内椅 thonet-1
- 图 2-19 索内椅 thonet-2

图 2-20

案例直击

- 图 2-20 新艺术运动 adjustablearmchair

知识链接

2. 麦金托什
(Charles Rennie Mackintosh 1868-1928)

19世纪末欧洲影响力最大的建筑师和设计师,格拉斯哥学派的核心人物。麦金托什是一位罕见的全才大师,在许多领域尤其是建筑与家具设计方面,引领着当时的设计潮流。麦金托什生于格拉斯哥, 在家具设计中,麦金托什创造了一种将英国传统、中国家具及日本设计影响相结合的简洁优雅的形式语言,特别体现在他的椅子设计中。其家具设计充满现代感和强烈的文化传统,并能够与室内设计浑然一体。他的椅子设计运用大量规整的几何形体,充满东方风情,与中国、日本的传统建筑与室内设计相似,麦金托什椅本身也与空间有关,其夸张的高靠背也具有屏风的隔断作用。

3. 奥托·瓦格纳
(Otto Wagner, 1841-1918)

设计思潮发生于奥地利首都维也纳并以此命名的"维也纳分离派"的核心设计师奥托·瓦格纳于1895年旗帜鲜明地宣称当时欧洲大陆极为流行的"新艺术风格"已经过时,并强烈反对装饰意味浓郁的新艺术风格,在当时的欧洲激起了巨大反响。瓦格纳的设计具有超前的现代感,把铝合金用在关键结构的部位,不仅是装饰作用,更具有保护功能。瓦格纳的家具设计深受索内椅的影响。

4. 汉斯·瓦格纳
(Hans Wegner,生于1914年)

1944年丹麦设计师瓦格纳被要求用最少的材料做出曲木椅,瓦格纳对多种方案始终不满意,直到看到了中国明式圈椅时才茅塞顿开,于是以中国传统椅为主题设计了四种"中国椅"。瓦格纳一生近500多种家具设计中有1/3与"中国椅"的主题相关。其中最轰动,并被称为设计史上最漂亮的"古典椅"于1949年完成。这件经典之作将每一构件都推敲到了完美的地步。

图2-21

图2-22

- 图2-21 汉斯·瓦格纳 china chair
- 图2-22 汉斯·瓦格纳 wishbone chair

在第一次世界大战中,荷兰设计体现出全新的不受之前任何风格所约束的新思想,以里特维尔德为首的设计师在造型审美的同时,兼顾工业生产,形成了可以批量生产的模式,整体造型和色彩都体现出精确的几何和抽象形态,但

第二章 探寻中外家具设计发展历程

5.吉瑞特·托马斯·里特维尔德
（Gerrit Thomas Rietved，1884—1964）

里特维尔德出生于荷兰乌特勒支，父亲是职业木匠，里特维尔德从小就学习木工手艺。1917—1918年他设计并制作了"红蓝椅"，并成为荷兰著名的"风格派"艺术运动的第一批成员。"风格派"是与德国包豪斯齐名的现代设计运动，由当时非常前卫、崇尚创新的建筑师、设计师、艺术家和理论家组成。里特维尔德关注设计与工业生产相结合以及新材料的运用，他是一位关注社会、关注平民的设计大师，尽管其设计不断创新，但是他的宗旨始终是为多数人服务。在现代家具设计史中，里特维尔德创造了大量划时代的设计作品，并对后世的设计师产生了深远的影响。

- 图 2-23 Rietveld stuhl
- 图 2-24 rietveld_pr

图 2-23

图 2-24

仍然具有极强的实用性，这个设计思潮被称为"风格派"。风格派的出现说明现代家具设计已经彻底解决了继承传统和面向工业化未来的设计发展方向问题，为开创现代设计教育体系和思想的包豪斯学校铺平了道路。

家具创新设计 / Furniture Innovative Design

图 2-25-1　　　　　　　　　　　　　　图 2-25-2

图 2-25-3

• 图 2-25-1/ 图 2-25-2/ 图 2-25-3
密斯.凡.德罗与巴塞罗那椅 Barcelona

知识链接

6. 沃尔特·格罗庇乌斯
（Walter Gropius, 1833—1969）

格罗庇乌斯是 20 世纪最重要的建筑教育家，生于柏林，1908 年至 1910 年三年间，他进入当时最有名的贝伦斯设计事务所工作。

1919 年格罗庇乌斯成立了对现代社会影响最大的设计学派：包豪斯学院，并担任校长，建立了现代设计教育体系。格罗庇乌斯的家具设计集中在包豪斯时期，其观念创新，手法大胆，风格表现出结构主义观念的影响。

包豪斯是德国魏玛市的"公立包豪斯学校"（Staatliches Bauhaus）的简称，后改称"设计学院"（Hochschule fur Gestaltung），"包豪斯"一词是由第一任院长、著名建筑师格罗庇乌斯创造的，由德语 Hausbau（房屋建筑）一词倒置而成。包豪斯 1919 年成立，1933 年由于为德国纳粹所不容而关闭。

在设计理论上，包豪斯提出了三个基本观点：① 艺术与技术的新统一；② 设计的目的是人而不是产品；③ 设计必须遵循自然与客观的法则来进行。这些观点对于工业设计的发展起到了积极的作用，使现代设计逐步由理想主义走向现实主义，即用理性的、科学的思想来代替艺术上的自我表现和浪漫主义。包

- 图 2-26 Marcel Breuer Chair
- 图 2-27 Marcel Breuer Chair1
- 图 2-28 vassily

图 2-26　　　　　　　　　　　图 2-27

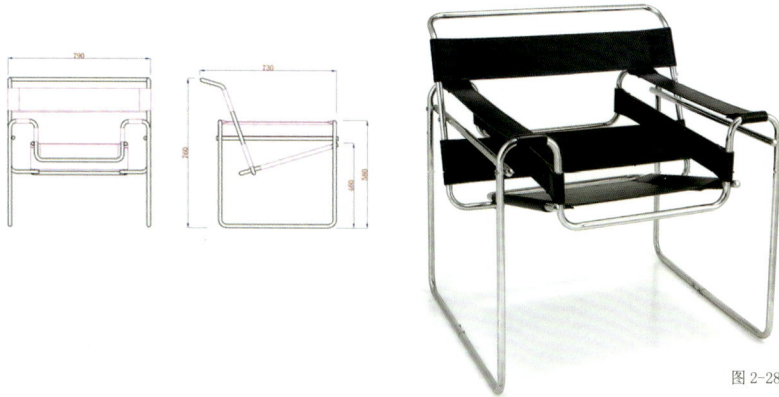

图 2-28

豪斯创建了现代设计的教育理念，包豪斯的历程就是现代设计诞生的历程，也是在艺术和机械技术这两个相去甚远的门类搭建桥梁的历程。在这个伟大的历程中，我们现代人熟悉的简约审美的现代主义家具风格已经被完整地建立了起来。

第二次世界大战的结束使得包豪斯建立的形式追随功能的现代主义设计思想影响和传播到全球，富足的60年代产生的"后现代主义"思想尽管旨在打破包豪斯现代主义的滥觞，但本质上是对现代主义风格的更进一步发展，也表明着丰富多彩的高技术，个性化的现代家具设计时代到来了。

知识链接

7. 马赛尔·布劳耶（布劳耶的钢管椅）
（Marcel Lajos Breuer, 1902-1981）

布劳耶在1925年只有23岁的时候设计了家喻户晓的"瓦西里椅"，因为第一次应用弯曲钢管制造家具而名垂青史。布劳耶生于匈牙利，在包豪斯学习期间受到了格罗庇乌斯、密斯、柯布西耶等设计大师的影响，毕业后布劳耶留校任教，成为包豪斯教师，负责家具设计专业。

当包豪斯由魏玛迁至德绍市的校长格罗庇乌斯设计的新建筑里，请布劳耶设计了家具，其中为康定斯基住宅所设计的"瓦西里椅"就是这批家具中的一件。在这件作品中方块的形式来自"立体派"，平面构图来自"风格派"，复杂的构架来自结构主义，在此基础上他使用了弯曲钢管这种在设计中充满新意的材料。"瓦西里椅"后来由世界许多厂家生产过，至今仍以各种变体形式制造销售。这件作品对设计界的影响是划时代的，它不仅影响着布劳耶的设计作品，也影响着后世设计师的作品。

8. 伊姆斯夫妇
（CHARLES & RAY EAMES，1907—1978）

　　伊姆斯夫妇在他们近半个世纪的合作中从不把自己限于某一种思潮或技术流派中，伊姆斯夫妇的设计一切都从实际出发，在各种材料的使用中探索结构细节。1946年，纽约现代艺术博物馆为伊姆斯夫妇举办作品展览，这是该馆首次为家具设计举办个人展览。伊姆斯夫妇的一生都热情洋溢、勤奋地工作，工作是最大的爱好，伊姆斯夫妇的设计成果早已赢得举世公认，并被称为20世纪现代设计的卓越创造者。

- 图 2-29 Eames_and_Eames_La_Chaise_j
- 图 2-30 Eames_Lounge_Chair_Full

图 2-29

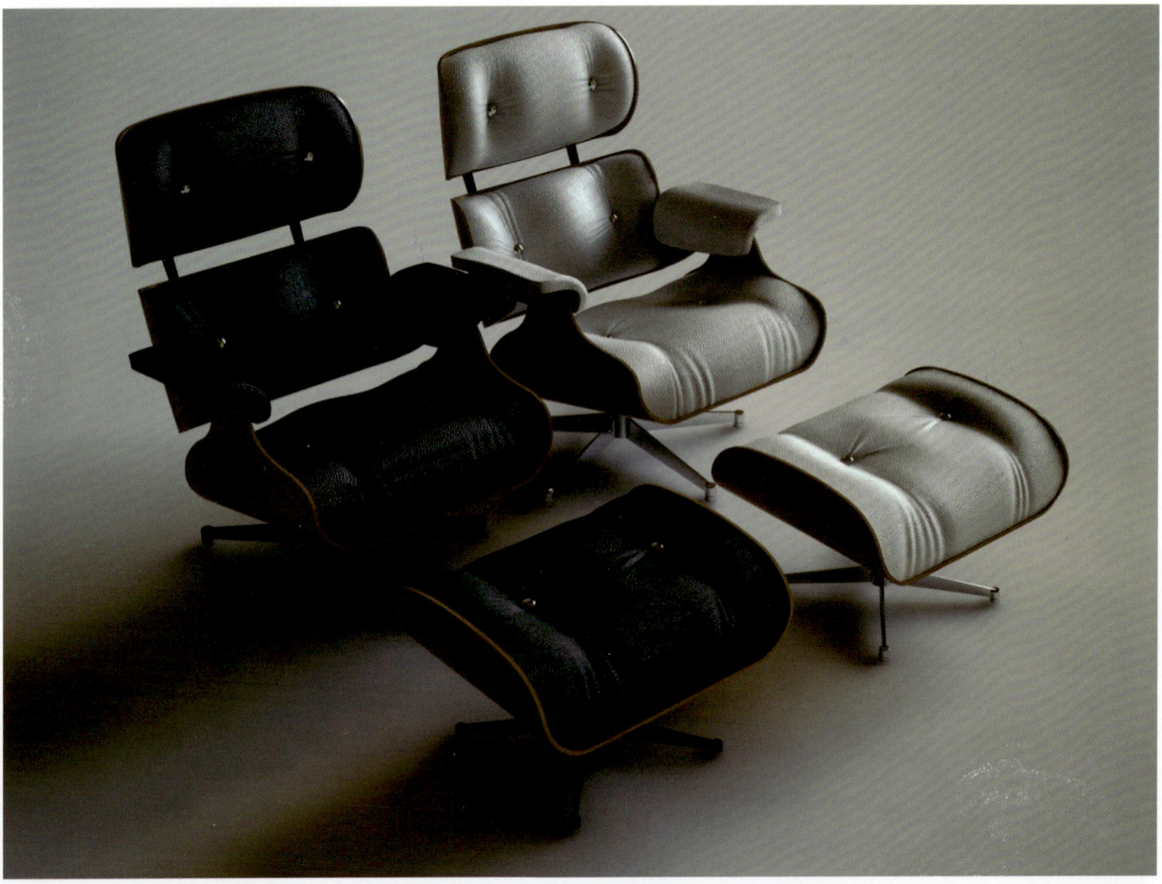

图 2-30

图 2-31

知识链接

9. 雅克布森

（Arne Jacobsen，1902-1971）

雅克布森是最早将现代设计观念引入丹麦的设计师，1951-1952年间设计的三足"蚁椅"大获成功并成为他设计生涯中一个转折点，其轻便、可重叠以及色彩丰富的特点使其成为20世纪现代家具中销量最大的产品之一。

20世纪50年代后期，雅克布森为北欧航空公司设于哥本哈根市中心的皇家宾馆设计了从建筑、室内到家具的所有细节。这一整套设计中最不寻常的是"蛋椅"和"天鹅椅"，这两件座椅完全是一种雕塑艺术品。它们之所以不寻常，不仅因为其激动人心的曲线形式，而且因为使用了一种新材料作为面料从而达到设计师所需要的形态。雅克布森的作品都是非常现代又极重传统的，雅克布森的家具设计具有一种神奇的力量，看上去过于前卫的设计但是销售都很成功。

- 图 2-31 oxchair-1
- 图 2-32 Eero-Saarinen-Womb-Chair
- 图 2-33 SAFIOFW
- 图 2-34 arne_jacobsen_anniversary_egg_chair_01

图 2-32

图 2-33

图 2-34

知识链接

10. 吉奥·庞蒂

（Gio Ponti，1891-1979）

庞蒂是意大利著名学者和设计师，对20世纪现代设计的影响极为广泛而深入。1928年他创办著名设计月刊《多姆斯》，这是一本全面介绍建筑、室内、家具及工业设计等各方面世界最新成果的杂志，是20世纪现代设计历史最为悠久的设计杂志，同时也是全世界最受欢迎、学术地位最高的设计月刊。庞蒂曾经在米兰设计学院任教，同时进行了许多室内及家具设计项目。

11. 艾洛·阿尼奥

（Eero Aarnio，生于1932年）

芬兰设计师阿尼奥是在工业设计中使用塑料的先驱者，他的作品是20世纪现代家具设计史上的亮点。阿尼奥出生在芬兰首都赫尔辛基，设计思想上致力于在家具设计中融入新创意，1963年他设计了Ball椅（也称globe椅），通过最简单的几何球体，设计出了不同寻常的作品，一个完全非传统形状的椅子带有一种舒适的、安静的氛围。阿尼奥的家具设计充分体现了现代设计思潮与设计师气质有机结合的独特风格。

第三章

认识家具材料与结构

第一节 木材

第二节 金属

第三节 布艺

第四节 竹藤

第五节 玻璃

第六节 塑料

案例直击

一、家具材料涵义

什么是材料？材料是从原料中取得的，为生产半成品、工件、部件和成品的初始物料。广义说是包括人们思想意识之外的所有物质。

自然界所提供的一切材料都是设计的载体，每一项设计最终都要落实到材料的应用上去。所以设计与材料是紧密相连的。材料性能的熟练掌握，加工技术与形体之间的配合，合理有效地使用材料，充分发挥材料的性能，可以创造出崭新的物质和精神享受。从这个意义上来说，不仅是材料的生产，材料的应用本身也包含着设计的含义。本书中所指的家具材料是指家具的主要用料，不包括辅助材料。

家具材料分为两类：一类为自然材料（如木、藤、竹等）；另一类为人工材料（如铁、塑料、玻璃等）。材料的不同，使得家具给人的感觉和触觉不同。由于材料本身所具有的特性，通过人工处理，使其表面质感更为张扬：光滑的材料具有流畅之感，粗糙的表面更有古朴之感，柔软的材料更具有肌肤之感。这些材质还能使家具产生冷暖感、轻重感、明暗感、软硬感。因此，我们可以说，家具材料的恰当运用不但能强化家具的艺术效果，还是家具质量的重要标志。

家具的材料需要很强的针对性，主要考虑以下因素：① 加工的工艺性；② 外观质感；③ 材料强度；④ 装饰性；⑤ 经济性。

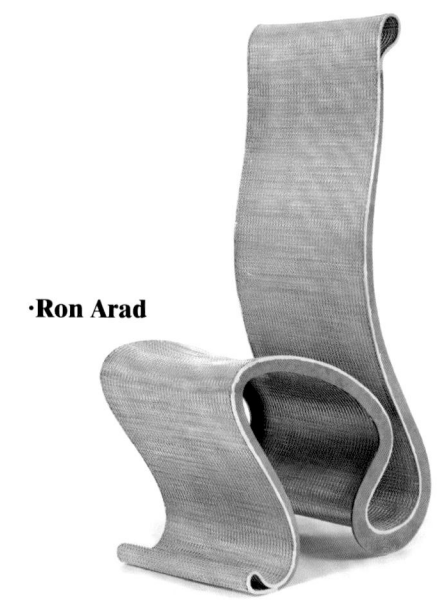
·Ron Arad

二、材料的美学特性

我国最早的工艺著作《考工记》中曰:"天有时,地有气,材有美,工有巧,合此四者,然后可以为良。"可见在古代我国家具大师们已经开始研究材料和设计的关联性。

从英国工艺美术运动的倡导者威廉·莫里斯强调手工产品淳朴与自然手工工艺美,到"包豪斯学院派"很好地把艺术和机器成功地结合起来,其最终的目的还是通过人类的传统工艺和现代技术把材料的美充分展示出来,同时也展示了自身的工艺美。北欧家具设计家也显示出当时的生产工艺发展水平。除了常用的木材、金属、塑料外,还有藤、竹、玻璃、橡胶、织物、装饰板、皮革、海绵等。然而,并非任何材料都可以应用于家具生产中,家具材料的应用也有一定的工艺要求。

三、家具生产工艺的概念

通过各种设备直接改变材料的形状、尺寸或物理性质,将原材料加工成家具的一系列过程,总称为家具生产工艺过程。

家具材料决定了工艺设计。不同的材料采用不同的工艺,工艺设计又限制了家具材料的使用,家具材料与工艺设计存在辩证的关系。从人们长时间对材料性能、工艺、使用特性等得到的经验性基础知识,转变到从材料内部结构进行的基础科学研究,从对材料的科学认识转变到在社会生产和生活中对材料的实际应用,表明设计已经成为材料通过技术手段满足社会需要的纽带。

第一节
木 材

一、木材的分类及特点

1. 按树种分类

（1）针叶树（又称软木材）。常用的包括红松、白松、马尾松、落叶松、杉树和柏木等。

（2）阔叶树（又称硬木材）。常用的包括袖木、水曲柳、柳桉和菠萝格等。

2. 木材的特性

木材的特性主要表现在以下几个方面：

(1) 轻质高强，具有弹性和韧性。

(2) 导热系数小，属于保温绝热材料。

(3) 具有天然花纹，易加工涂饰，装饰效果好。

(4) 具有较强的吸湿性。

(5) 具有湿胀干缩性能。

(6) 构造不均匀，各向异性，吸湿后膨胀可能易起变形与开裂。

(7) 易被虫蛀，易燃，具有天然疵病。

图 3-1

二、人造板

人造板的种类很多，常用的包括大芯板、胶合板、中密度纤维板、刨花板、饰面板、宝丽板、桦丽板、防火板（塑料贴面板）和纸质饰面板等。

下面将各种常用人造板的分类、特点和用途介绍如下：

名称	属性特点
刨花板	将原木加工成小径木或木屑，经干燥后加入胶料、硬化剂、防水剂等，在特定温度下压制而成。其内部结构均匀，加工性能好，可根据要求加工幅面，便于自动化生产，耐老化，美观，可进行油漆和各种贴面（如图3-2）
胶合板	将原木按照年轮方向切成大张单板，干燥涂胶后相邻单层板木纹方向相互垂直的原则组胚胶合而成。一般层数为奇数，如三合板、五合板、九合板、十三合板等。其容重轻、强度高且绝缘、变形小、施工性好（如图3-3）
大芯板	将原木切割成条，拼接成芯，外贴面材加工而成。其表面平整，不易变形，除底面不能刨加工，四周皆可割锯、刨光（如图3-4）
纤维板	中密度纤维板是将经过挑选的木材原料加工成纤维后，施加腺醛树脂和其他助剂，制成密度约为0.5~0.88g/cm³的人造板材。其结构均匀、变形小、表面平整、易雕刻加工（如图3-5）
饰面板	将天然木材刨成一定厚度的薄片，粘附于胶合板表面，热压而成。其花纹优美且成本低
塑料贴面板（耐火板）	由三种不同的纸浸渍不同的胶热压而成，其耐磨、耐酸碱、阻燃、易清洁且耐水性能优良，常用于家具或橱柜贴面制作（如图3-6）

图3-2

图3-3

图3-4

图3-5

图3-6

三、实木家具结构与工艺

传统实木家具主要是以榫结合方式为主的框架结构,如图3-7所示(榫结合的类型)。

1. 榫结合的技术要求

(1)直角榫。

① 榫头厚度。

a. 一般与方形套钻尺寸相适应,常用的厚度有6 mm、8 mm、12 mm、13 mm和15 mm等。

b. 零件的断面超过40 mm×40 mm时,最好采用双榫。

c. 榫头厚度小于榫眼宽度0.1~0.2 mm,结合强度最大。

d. 榫头端部倒成300的斜棱,便于榫头插入榫眼。

② 榫头宽度。

a. 榫头宽度比榫眼长度大0.5~1.0 mm,结合强度最大。

b. 榫头宽度大于60 mm时,最好采用双榫。

c. 榫头长度。根据榫结合的形式不同榫头长度也不同。

(2)圆榫。

① 材质要求。无节疤,无腐朽,无缺陷,纹理通直,一般采用水曲柳、桦木和柞木等。

② 含水率要求。应比家具用材低2%~3%。

③ 直径及长度。直径常采用6 mm、8 mm和10 mm,长度与32 mm系统配合,主要是32mm或其整数倍。

(椅类框架的固定式结构如图3-8所示)

2. 现代实木家具(如图3-9)

现代实木家具结构简单,并且可以适应工业化的批量生产,包括五金件接合、榫结合、木螺钉接合等多种形式。有些个

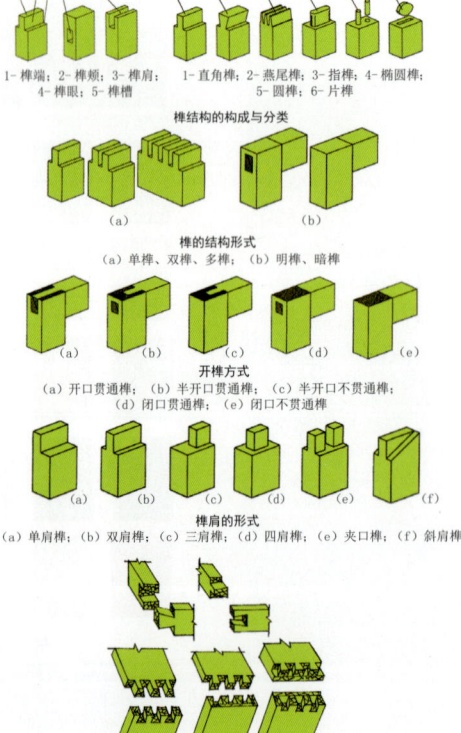

图3-7

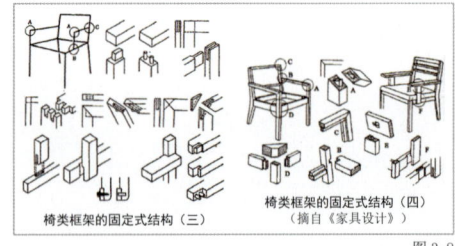

图3-8

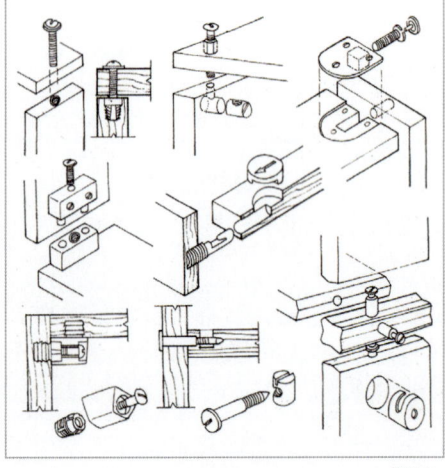

图3-9
——摘自《家具设计分析与应用》

性设计还特意使用明榫和螺钉外露，使结构成为一种装饰。

3. 板式家具

板式家具是以人造板为基材，采用专用的五金件或圆榫连接装配而成的拆装组合式家具。常见的人造板材有胶合板、细木工板、刨花板和中密度板等。胶合板（夹板）常用于制作需要弯曲变形的家具；细木工板性能有时会受板芯材质影响；刨花板（也称微粒板或蔗渣板）材质疏松，仅用于低档家具；性价比最高、最常用的是中密度纤维板(MDF)。

4. 32 mm 系统

"32 mm 系统"是依据单元组合理论，以 32 mm 为模数，通过模数化、标准化的"接口"来构筑家具的一种结构与制造体系。它是采用标准工业板材及标准钻孔模式来组成家具和其他木制品，并将加工精度控制在 0.1~0.2 mm 水准上的结构与制造系统。从这个系统获得的标准化零部件，可以组装成采用圆榫胶接的固定式家具，或采用各类现代五金件的拆装式家具。"32 mm 系统"是一个具有高效率、高品质特征的家具现代加工系统。

32 mm 系统设计原则。32 mm 系统设计的核心是旁板的设计，旁板上主要有两类孔——系统孔和结构孔，如图 3-11 所示。

(1) 系统孔。

① 系统孔主要用于装配搁板、抽屉和门板等零部件。

② 系统孔的位置在旁板前沿和后沿的垂直坐标上。

③ 通用系统孔孔径为 5 mm，孔深度为 13 mm。

④ 当系统孔用做结构孔时，孔径依据所选的配件要求而定。

(2) 结构孔。

① 结构孔是形成柜类家具框架体所必需的结合孔。

② 结构孔的位置在板的水平坐标上。

③ 上沿第一排结构孔与板端距离及孔径要根据板件的结构形式与选用配件的具体情况而定。

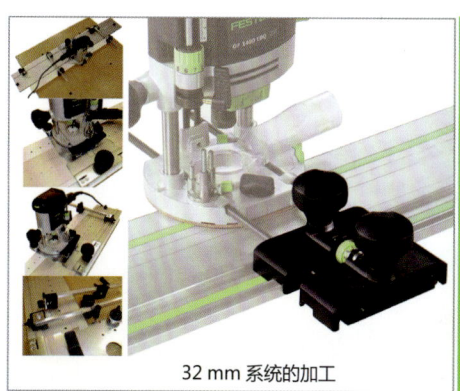

32 mm 系统的加工

图 3-10

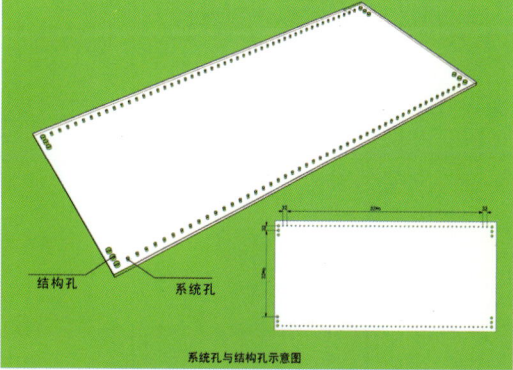

系统孔与结构孔示意图

图 3-11

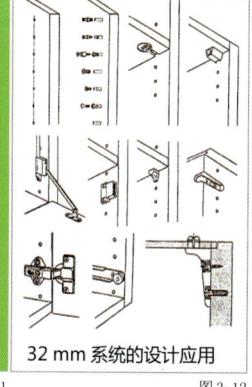

32 mm 系统的设计应用

图 3-12

第二节
金　属

金属具有许多优越性：质地坚韧、张力强大、防火防腐，熔化后可借助模具铸造，固态时则可以通过辗轧、压轧、锤击、弯折、切割、车旋、冲压、焊接、铆接、辊压、磨光、镀层、复合、涂饰等加工方法制造各种形式的构件。金属所具有的环保可再利用的特性为现代家具所青睐。

金属可分为铁金属和非铁金属两大类。金属可满足家具多种功能使用要求，适宜塑造灵巧优美的造型，更能充分显示现代家具的特色，再加上金属材料防火且易生产，环保可回收再利用，成为推广最快的现代家具之一。

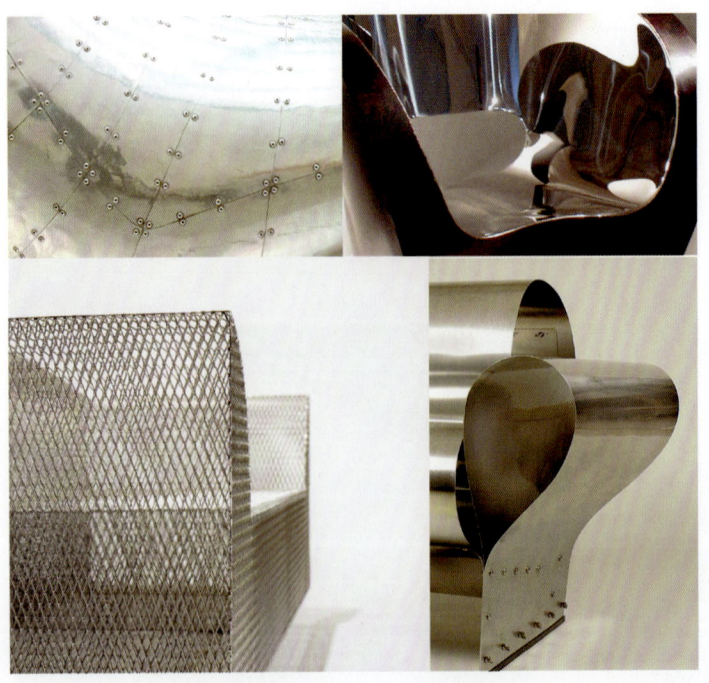

图3-13

一、铁金属

名称	属性	特点	用途
铸铁	含碳量 ≥ 2%	晶粒粗而韧性弱，硬度大而熔点低	主要用于家具中的生铁铸件，常用来制作座椅的底座、支架及装饰构件
锻铁	含碳量 ≤ 0.15%	硬度小而熔点高，晶粒细而韧性强，易于锤击锻制	多用于家具的框架及面材
钢	含碳量在 0.03%~2%	家具强度大、断面小	多用于家具框架及支腿

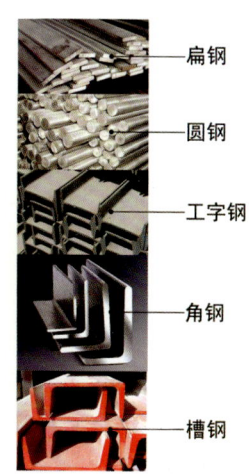

扁钢
圆钢
工字钢
角钢
槽钢

常用于家具设计的的普通碳素钢，按形状工艺分类，有如下几种：

（1）型钢——有圆钢、扁钢、角钢、方钢、工字钢、槽钢。

（2）钢管——有焊接钢管和无缝钢管。钢管一般主要用作家具的结构及其支架，可分为方钢管、圆钢管和异形钢管三大类，用厚度 1.2~1.5 mm 的带钢经冷轧高频焊接制成，其断面形状及规格丰富多样。

（3）钢板——钢板主要是采用厚度在 0.2~4 mm 之间的热轧（或冷轧）薄钢板，其宽度在 500~1400 mm 之间，呈卷筒状，长度按加工需要进行裁切。各板件按图纸加工、折边、除锈处理，经静电粉末喷涂烘烤后，装配成型，这是目前办公家具用得较多的全钢制品。

（4）不锈钢——属于不易发生锈蚀作用的特殊钢材，它的表面处理方法有镜面（光面）、雾面、拉丝面、腐蚀雕刻面等，常用作家具的饰面材料。

图 3-14

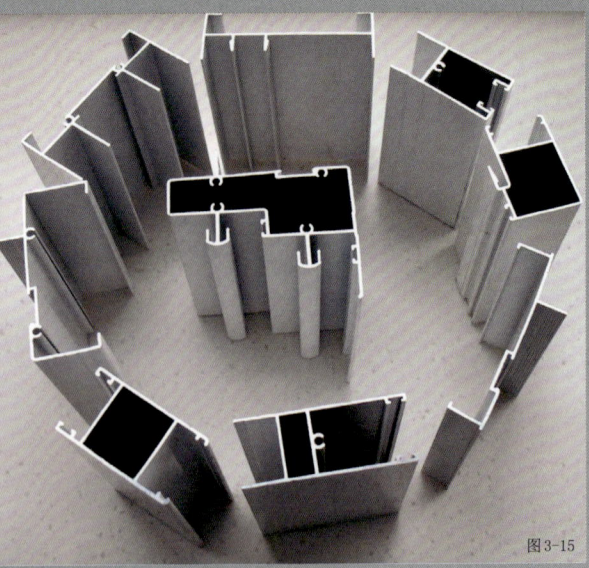
图 3-15

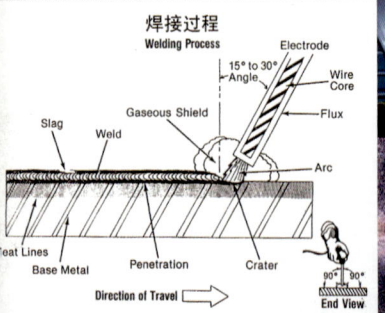

图 3-16
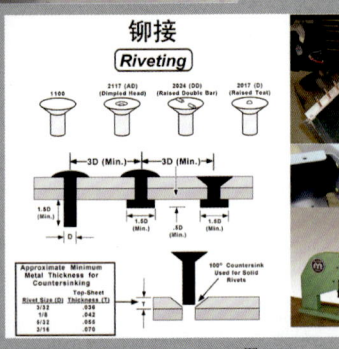
图 3-17

二、非铁金属

非铁金属又称为有色金属，主要包括金、银、铜、铝、锡等，其中应用到家具上主要是铝材，通过挤压加工而成的铝型材可做家具的构件，通过铸造可制成户外家具。至于家具的铝合金包边条、装饰嵌条及各种型材一般选购铝合金成品加工。由于纯铝强度低，其用途受到一定限制，因此在家具制造上多采用铝合金。铝合金是以铝为基础，加入一种或几种其他元素（如铜、锰、镁、硅等）

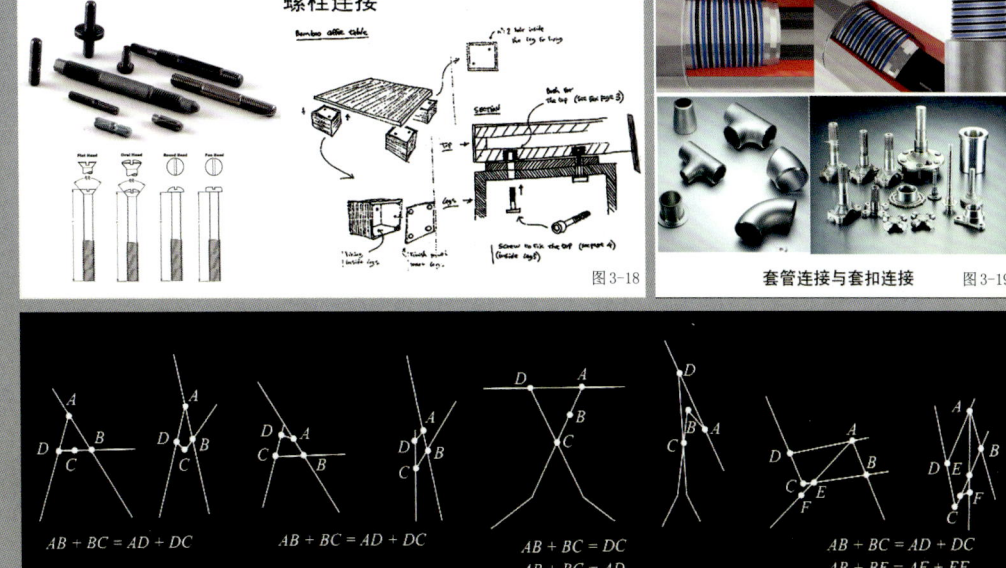

图3-18
图3-19
图3-20

构成的合金。铝合金重量轻,并具有足够的强度、塑性及耐腐蚀性,加工方便。铝型材经常用于家具设计中,可广泛用于支撑结构与装饰部分。(如图3-14铝型材1、图3-15铝型材2、图3-16型材的种类)

结构和连接特点:金属家具的结构形式多种多样,包括拆装、折叠、套叠和插接等,可采用焊、铆、螺钉和销接等多种连接方式,大大丰富了金属家具的造型。由于金属材料不会因气候变化而变形开裂,因而易于提高构件的加工制造精度,使金属构件、辅助零部件和连接件可以分散加工,互换性强,有利于实现零部件的标准化、通用化和系列化,如拆装式的金属家具,其零部件可拆卸,便于镀涂加工;折叠式的家具体积可以缩小,利于远途运输,减少包装费用。(如图3-17、图3-18、图3-19、图3-20)

第三节
布 艺

图3-21

布艺材料是生活中常见的家具饰面材料,柔软且花色多样,图案可由计算机辅助设计完成,具有较好的可调性。

布艺家具的特点如下:

(1) 造型的轻巧舒适。

(2) 柔软且弹性好。

(3) 图案多变。

(4) 可清洗或更换布套。

(5) 质感的柔和、温馨。

(6) 色彩的艳丽,色调的和谐。

(7) 面料耐磨性差,易起毛和线头易松脱。

(如图 3-21、图 3-22、图 3-23)

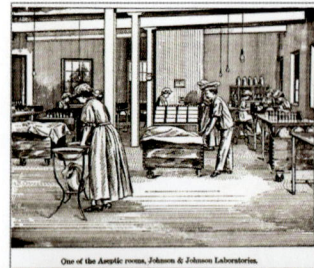

图3-22

图3-24　　图3-23

第四节
竹 藤

竹藤家具无论是其产品本身或是生产过程都符合环保要求，是比较好的"绿色家具"。竹藤制品吸湿、吸热、防虫蛀，其各种物理性能也相当于或超过中高档硬杂木。纯竹藤家具柔韧性好，符合人体力学和工程学等特点，手感清爽，透气性强，舒适别致，质感自然，具有工艺感。（如图3-26、图3-27、图3-28）

一、竹材

竹材属禾本科竹亚科植物，竹材中空，长管状，有显著的节，挺拔，色黄绿，日久呈黄色，制成的家具光华宜人。既有一种清凉、潇洒、简雅之意，亦有粗壮豪放之感。

1. 原竹

竹材与木材相比，具有以下基本特性：①强度高、韧性大；②易加工、用途广；③直径小、壁薄中空；④结构不均匀、各向异性明显；⑤易虫蛀、腐朽与霉变。由于竹材的基本特性，各种木材加工的方法和机械都不能直接应用于竹材加工。因此，竹材多数都是以原竹的形式或经过简单加工后编织生活用具、农具、传统的工艺品等，最广泛最常见的竹家具是圆竹家具和竹编家具等。

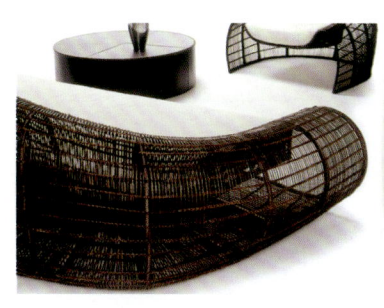

图3-25

2. 竹材人造板

随着现代加工技术的改进，竹材可以锯切成竹片、旋切成竹单板、刨切成竹薄木，而且可以进行防霉、防蛀、炭化、软化、漂白、染色等改性处理。竹材胶合板、竹材层积材（层压板）、竹材集成材、竹材刨花板、竹材中密度纤维板、竹木复合板等各种竹材人造板迅速出现。竹材人造板和竹材相比较，具有幅面大、变形小、尺寸稳定、强度大、刚性好、耐磨损、尺寸可调、防虫、防腐性能好、各向异性好、可覆面和涂饰装饰等优点。

竹材种类很多，适用家具制作的主要有下列数种：

名称	特点
刚竹	竹竿质地细密，坚硬而脆，竹竿直劈蔑性差，适合制作大件家具的骨架材料
毛竹	材质坚硬、强韧，劈蔑性能良好，可劈成竹条用作家具骨架，十分结实耐用
桂竹	竹竿粗大、坚硬，蔑性好，是制作家具的优良竹种
黄若竹	韧性大，易劈蔑，可整材使用作竹家具
石竹	竹壁厚，宜整材使用，作柱腿最佳，坚固结实耐用
淡竹	竹竿均匀细长，蔑性好，色泽优美，是制作家具的优良竹材
水竹	竹竿端直，质地坚韧，力学性能及劈蔑性能都好，是竹家具及编织生产中较常用的竹材
慈竹	壁薄柔软，力学强度差，劈蔑性能极好，是竹编的优良材料

图 3-26

图 3-27

图 3-28

二、家具常用藤材

藤材盛产于热带和亚热带，分布于我国广东、台湾地区以及印度、东南亚、非洲等地。藤家具采用藤茎。

1. 藤家具的种类

目前，藤家具的种类非常齐全，包括床榻类、椅凳墩类、橱柜箱类、桌案几类、屏风类、台架及其他类，覆盖了几乎所有的家具类别。藤家具构成方法有多种，由于是手工制作，可形成多种式样、图案、造型，其特点是纤细而富于变化，再加上藤材的自然属性、温柔的色彩和优美的造型，使藤制家具被广泛地应用于现代家庭。

2. 竹藤家具的特点

（1）自然亲切，休闲随意，不仅是很好的室内家具，也是很好的庭院与户外家具。

（2）工艺简单、造型丰富，但要制作非常精细，则需要丰富的经验和相应的技术。

3. 竹藤家具的结构（如图 3-29）

竹藤家具主要由骨架和面层构成。骨架可以采用竹杆、木制和金属等制成；面层则用竹蔑、藤条和皮藤等。

4. 接合方式（如图 3-30）

竹藤家具骨架的结合主要有弯接法、缠接法和插接法等几种方式。

5. 竹藤的处理

竹藤需要经过日晒、烟熏等处理后才能制作家具，这样可以防虫蛀。有些质量差的竹藤还要进行漂白处理。现在的竹藤材基本上是经过高温杀菌工艺处理的，用机器拉成一定的长度和粗细，成型后喷上专为竹藤家具配置的聚酯漆。

图 3-29(1) 人造竹材家具

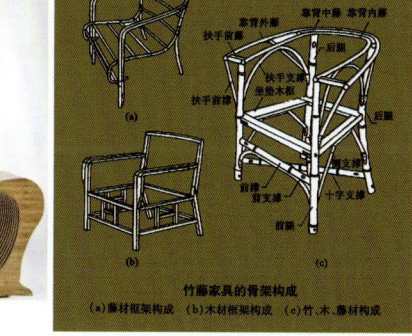

图 3-29(2)

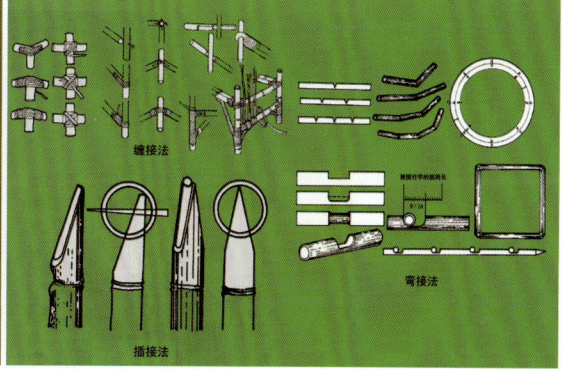

图 3-30

第五节
玻 璃

玻璃是无定形非结晶体的均质同向材料，其主要成分为 SiO_2、Na_2O 和 CaO。是以石英砂、纯碱、石灰石等主要原料与辅助性材料经 1550~1600 ℃高温熔融成型并经急冷而成的固体。可经截割、雕刻、喷砂、化学腐蚀等艺术处理，得到透明或不透明的效果，形成图案装饰，丰富了家具造型立面效果。由于玻璃的加工工艺不同，可以制成许多品种，应用于家具制作的主要有以下几种。

一、平板玻璃

平板玻璃是将熔融的玻璃液浆经引拉（垂直引拉法、水平引拉法）悬浮或辊碾等方法而得到制品。平板玻璃可分为磨砂玻璃、镜面玻璃、夹层玻璃、钢化玻璃、夹丝玻璃、彩绘玻璃、釉面玻璃、压花玻璃、吸热玻璃、镭射玻璃、光色玻璃等13种。

另外，夹层玻璃、花纹玻璃、彩色玻璃制品在家具中也有不同程度的应用。玻璃是柜门、搁板、茶几、餐台等常用的一种透明材料。现代家具日益重视与环境、建筑、室内、灯光的整体装饰效果，特别是家具与灯具的设计日益走向组合，玻璃由于透明的特性，更是在家具与灯光照明效果的烘托下起了虚实相生、交映生辉的装饰作用。厚玻璃可直接用于桌面以及腿部支架。厚玻璃通过弯曲技术制成的家具可以获得连续、灵透的体积。伴随着现代工业技术的进步，玻璃将更加广泛地应用到家具制作行业。

图3-31

图3-32

二、特种玻璃

特种玻璃包括：玻璃马赛克、玻璃砖、灭菌玻璃、折光玻璃、防盗玻璃、热弯玻璃、防弹玻璃等。（如图3-33、图3-34）

1. 玻璃的成型

玻璃成型是将融化的玻璃液加工成有一定形状的制品的过程。成型方法主要有吹制成型、压制成型、拉制成型和压延成型等。玻璃家具的实例如图所示。

2. 玻璃的热处理

玻璃的热处理包括退火和淬火。退火是在玻璃成型以后进行若干热处理，减少和消除玻璃制品中的热应力，使内部结构稳定。淬火提高了玻璃的机械强度和热稳定性。

3. 玻璃的热弯加工

玻璃的热弯加工是由平板玻璃加热软化在模具中成型，再经退火制成曲面玻璃的过程，可制作各种流线造型的家具。

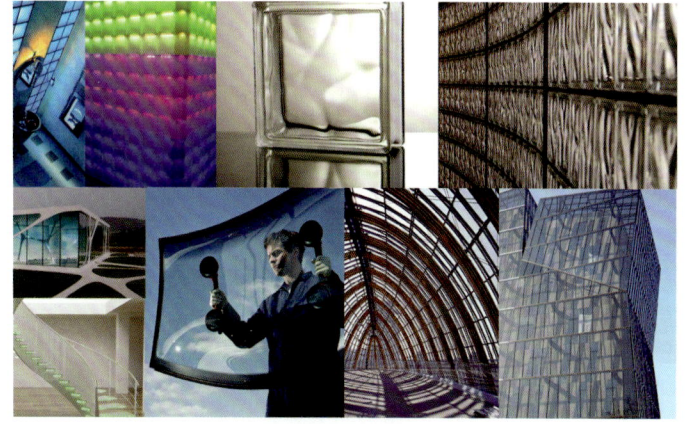

图3-33

图3-34　玻璃马赛克

第六节
塑　料

塑料（Plastics）是由分子量非常大的有机化合物所形成的可塑性物质，具有质轻、坚固、耐水、耐油、耐蚀性高，光泽与色彩佳，成型简单，生产效率高，原料丰富等许多优点。塑料是新兴的并不断改进的人工合成材料。自19世纪初以来，发展神速，用途广泛，19世纪60年代中期意大利设计界倡导塑料家具开发，为现代家具另辟新径。塑料家具以丰富的色彩和简洁富于变化的造型，将复杂的功能揉合在单纯的形式中，突破了以往形式的束缚，兼具经济实用的价值。

塑料已广泛地应用在现代家具上，如聚氯乙烯（PVC）、聚乙烯（PE）、聚丙烯（PP）、聚酰胺（PA，尼龙）等，都应用在家具设计制作上。利用PVC塑料可以制作单体及坐卧两用的多功能充气家具。它利用充气成型，质轻，便于运输，携带也十分方便。除了直接作为沙发之外，也可安装在沙发的框架上，形成一组有特色的家具。塑料薄膜装饰贴面板是家具板材大量应用的材料，板面装饰形象逼真，典型自然，具有坚固、耐水、防水特点。用塑料制成的家具辅助零件有拉手、合页、按钮等，在结构和色彩方面可多样化，具有装饰性。

塑料注塑成型工艺主要分为注吹塑成型、压吹塑成型、加热成型、注塑成型、挤压成型等，如图3-36所示。

其中注塑成型法可以一次成型出外形复杂、尺寸精确的产品，能实现成批生产。当初始加工完成后，塑料可以进行锯、切、车、铣、磨、刨、钻和抛光等二次加工工艺。

塑料的连接方法主要有焊接、溶剂粘接和胶接。

(1) 焊接：常采用热风焊接、高频焊接等。

(2) 溶剂粘接：利用有机溶剂通过加压粘接在一起，如ABSC苯乙烯－丁二烯－丙烯晴三元共聚物树脂、有机玻璃和纤维塑料等都可采用此方法。

(3) 胶接：利用胶黏剂连接。

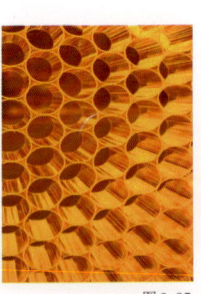

图3-35

目前，塑料家具常用的材料主要有以下几种：

名称	优点	加工方式	应用
强化玻璃纤维塑料（FRP）	机械强度好、质轻透光、强韧有弹性、自由成型、任意着色、成本低廉	注塑	基层构件整体注塑
苯乙烯—丁二烯—丙烯腈三元共聚物树脂（ABS）	坚韧、刚性、质硬、耐水、耐热、防燃以及不收缩、不变形	通过注模、挤压或真空模塑造成型	用于制造小部件和整个椅子框架部件
丙烯酸树脂又称压克力树脂（商品名称：化学玻璃和有机玻璃）	无色透明、坚固强韧、耐药品性与耐天候性好	切割、真空成型、加热弯曲、用胶接剂或机械连接的方法组装	用于制造小部件和整个椅子框架部件
聚氨酯泡沫塑料（plastic foams,发泡塑料）	多孔性物质、加工性与粘附性好、质轻、强度高、压缩变形与导热系数小、透气性和吸水性良好	模压成型	用于制作椅类的骨架、三维弯曲度的整体模塑部件和产品、具有浮雕装饰的零部件和进行板式部件的封边等

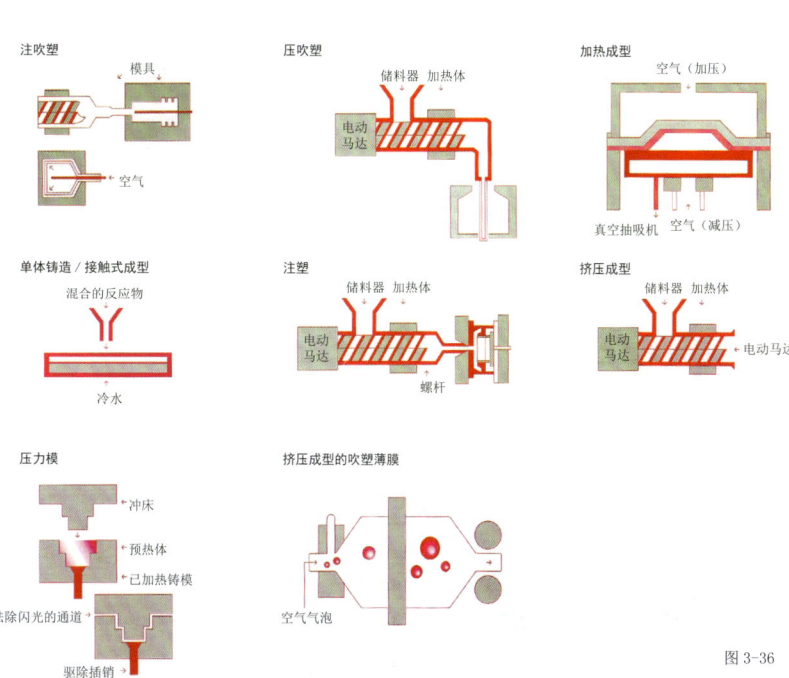

图 3-36

当代的家具设计更多地触及观念设计，其形式的变化多样已经远远超越了你我的想象，其结构设计也不同于传统的家具构建模式，往往更加多元，但是万变不离其宗的是人的尺度与家具的力学性能。

案例直击

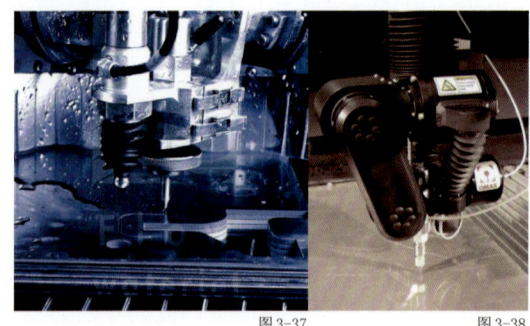 

图 3-37　　　　图 3-38　　　　图 3-39

1. 水射流切割工艺

早在 19 世纪中叶水射流在采矿时用来移除多余的物料。而现代的水射流加工也叫液力机械加工，它已经被改造为可以形成非常精确的水射流的加工工艺，一般射流的直径只有 0.5 毫米，经 20 000 Psi 到 55 000 psi（磅/平方英寸）的压力从喷嘴喷出。水射流加工的精度很好，如果使用附加磨料，水射流加工也可以用来切割如石榴石这样比较坚硬的物料，标准的材料大小可达到 3 m×3 m。
（如图 3-37、图 3-38、图 3-39、图 3-40、图 3-41、图 3-42）

图 3-40

图 3-41

Louise Campbell
路易斯·坎贝尔

王子椅，路易斯·坎贝尔（Louise Campbell），在激光切割后的金属基础上，进行水射流切割复合三元乙丙橡胶的精加工。图中的座椅显示了水射流切割工艺在立体材料上进行复杂纹路加工的优势。
（如图 3-42）

图 3-42

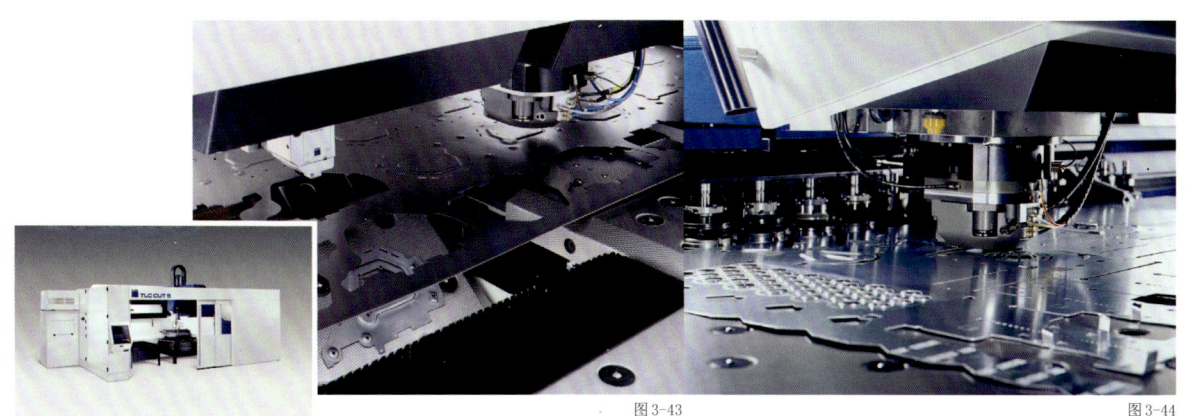

图 3-43　　图 3-44

2. 激光切割加工工艺（如图 3-43、3-44、图 3-45、图 3-46）

激光切割不需要任何模具，并且其加工过程可以由 CAD 文件来控制，而且它可以进行精确地切割或装饰所要处理的材料。总而言之，激光切割就是将每平方厘米中的数百万瓦特的光照能量聚集在切割点上，以此来熔化、切割所要处理的材料。这种技术在木材上加工后会留下灼烧的痕迹，加工金属材料则无需加工后期处理。不过，由于抛光的金属表面会降低激光的切割效率，在进行切割加工之前，金属材料最好不要进行抛光处理。

图 3-45　　图 3-46

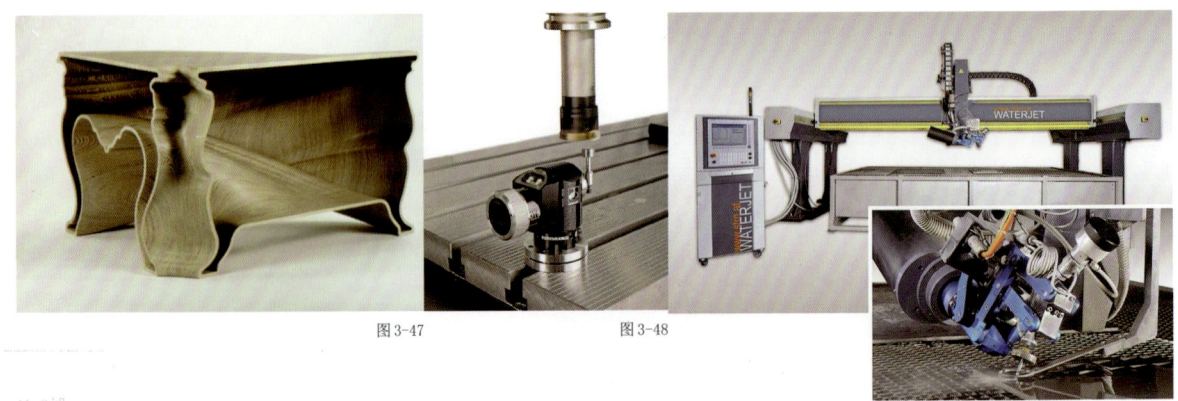

图 3-47　　　　　　　　　图 3-48　　　　　　　　　　　　　　　图 3-49

3. 计算机数字控制（CNC）切割工艺

计算机数字控制切割机可以毫不费力地切割固体材料就好像切割黄油一样简单，切头被装在一个绕着六个旋转轴的头部，用来雕刻不同的形态，就好像它们是雕刻家一样。

灰姑娘桌子，设计师是耶罗内·范霍文（Jaroen Verhoeven），材料为处理过的桦木胶合板，这款桌子的灵感来自于灰姑娘，有着超现实主义的结构，形态完美，符合制造商的想法。高技术切割机就是我们隐藏的灰姑娘，这款桌子非常聪明地使用了完全现代化的加工工艺打造出传统、浪漫的家具。

荷兰 Demakersvan 设计团队的成员耶罗内苑霍内设计的"灰姑娘"桌子是由多层材料组成的。"如果你仔细看就会发现工业产品奇迹般地产生了一个绝妙的现象。高技术机器是我们隐藏的灰姑娘。我们使它们在自动生产线前工作，而它们的能力却远不止如此。"

这款桌子由 57 层复合桦木制成，它们被独立切割、黏合，然后再用 CNC 车床切割。CNC 技术可以切割很多材料，包括木材、金属、塑料、花岗岩、大理石、泡沫和塑型黏土等。CNC 技术可以用于注塑模型、模切机、家具零件和高品质手工艺品等，并可以用于汽车设计中的油泥模型制作，加工时从 CAD 文件获取信息并直接加工。

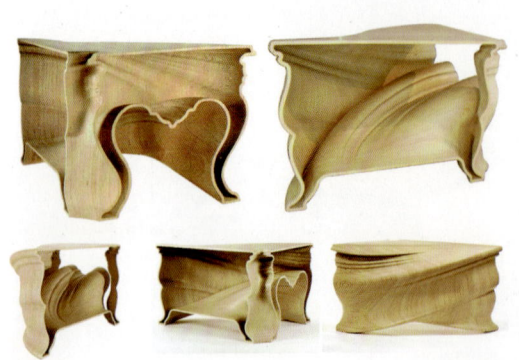

图 3-50

产品在加工前被固定装置紧固在一起

产品被切割前的内部结构

图 3-51

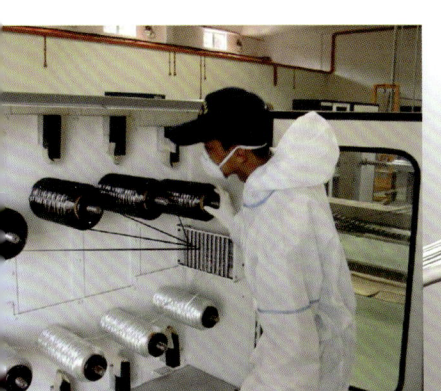  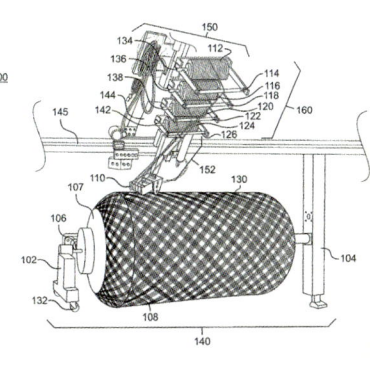

图 3-52　　　　　　　　　　图 3-53　　　　　　　　　　图 3-54

4.纤维缠绕工艺（Filament Winding）

纺炭座椅，设计师是 Mathias Bengtsson，材料为碳纤维与聚合树脂，椅子以螺旋方式缠绕而成，比正常情况下纤维缠绕密度更高且更加牢固。

想象把棉质纤维卷筒浸入树脂容器中然后将纤维从绵卷上拉下来并形成刚性的塑料圆筒零件，这就是纤维缠绕的加工原理。

在纤维缠绕加工时可以结合强化纤维与滚合树脂来制造强度高而且空心的零件。加工过程中连续的胶带或者玻璃纤维（即纤维）则要经过装满聚合树脂的容器，黏性的纤维被绷绕到预制的心轴上，直到足够的材料被绕到心轴上，心轴的外形决定了产品的内壁形状。如果最终产品需要在高压环境下使用，那么心轴可能被留在产品中以增加产品的强度。

有几种不同的纤维缠绕方法，其不同之处就在缠绕的设置。其中，环向绅绕纤维是以平行的方式缠绕的，就像棉线缠绕到心轴上；螺旋缠绕是指纤维与心轴成一定角度缠绕（这使最终产品的梭织表面有非常独特的质地）；两极绷绕是指纤维缠绕的角度与中心轴几乎成直角。

（如图 3-52、图 3-53、图 3-54、图 3-55、图 3-56）

图 3-55　　　　　　　　　　　　　　　图 3-56

5. 挤压加工

Fresh Fat 系列的桌子由汤姆·迪克森设计，材料为 PETG 共聚多脂。（如图 3-57）

挤压以各种各样的方式出现，从低技术的挤牙膏管和制造长串的意大利面条，到生产铝窗框架。以最简单的话来说，挤压就是从一个模具洞里挤出物料，不论该洞的轮廓怎样，从而制造出长度连续的物料。

汤姆·迪克森在家具和配件上针对挤压开发出了非传统的 Fresh Fat 系列。从开发他自己的加工工具到制造出编织，打结还有结状的产品，迪克森依赖的是塑料本身的柔软性和延展性，以至于制造出任何你想要的漂亮东西。所以如果你想（像他那样）挤出一个窄塑料长条使它变成一个模块，并让它呈褶皱状或收集成一堆，挤压正是能做到这些的技术。

这种工艺可生产凳子、睡椅和碗，这是个非常好的概念性设计，汤姆·迪克森就像个海盗一样在工业制造界里寻找新的宝藏，在这个例子中，他把共聚多脂转换成产品。

图 3-57

6. 水压机压板成型

"孔洞"套椅（如图 3-58、图 3-59、图 3-60、图 3-61），设计师为皮耶罗·阿索（Pietro Arosio，意大利人，生于 1946 年）

正像马歇尔·布鲁尔（Marcel Breuer）在 1932—1934 年间用一整块铝制造的椅子一样，这把椅子也是由一块铝做成的。但在这把椅子上没有像马歇尔的椅子那样加上交叉的条板。与马歇尔的椅子不同，此款椅子的造价便宜并且自重轻。这个模型是设计者、厂商结合材料创出来的一类成功而富于想象力的产品中的一个，造型非常简单、明快。

Pietro arosio

图 3-58

图 3-59

图 3-60

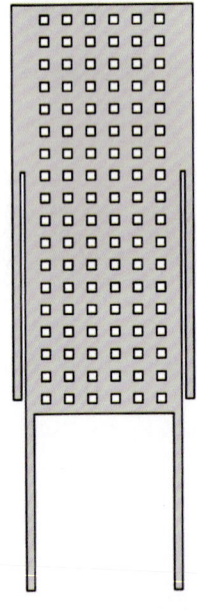

图 3-62

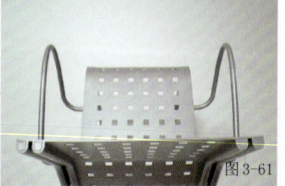

图 3-61

第三章 认识家具材料与结构

图 3-63

7. 泡沫成型工艺

Seggiotine POP椅子由恩佐·玛丽（Enzo Mari）设计，材料为膨胀的聚丙烯（EPP）。（如图3-63、图3-64）

和其他许多塑料的加工方式不同，在图3-63中的椅子生产中，膨胀塑料泡沫的生产需要将材料——膨胀的聚丙烯(EPP)在生产之前进行预膨胀处理。这有点像在烹饪之前准备配料。

生产中使用的原材料含有微小的珠状物，在成型之前，采用含有戊烷的气体和蒸汽使这些珠状物膨胀到原来尺寸的40倍。这种方式可以使珠状物发泡，之后再将它们冷却稳定。由此在这些发泡的珠状物体内就产生了一部分的真空，再将这些发泡珠状物储存达若干小时，使珠状物内的温度和压力与外部环境达到均衡。然后将这些珠状物重新加热。用蒸汽将它们注射到模具中使它们互相触合在一起。或者我们也可以在最后的成型过程中实现第一步的膨胀，而不是将已经触合的珠状物注射入模具中。同时还有用来形成最后成分的空洞。这种塑料成型的操作会产生含有高达98%空气的材料。

恩佐·玛丽为Seggiolina POP设计的儿童专用椅子使用了能充分发挥材料属性的制作方式，与这种材料的传统制作方式形成了鲜明的对比。这些椅子原来可能会被隐藏在沙发底下或者是纸包装箱中。

除了生产性能优异的组件和产品之外，生产商们也研发出了一些技术来使膨胀的聚丙烯直接被模塑成型为其他组件的包装，以节省组装的时间和成本。

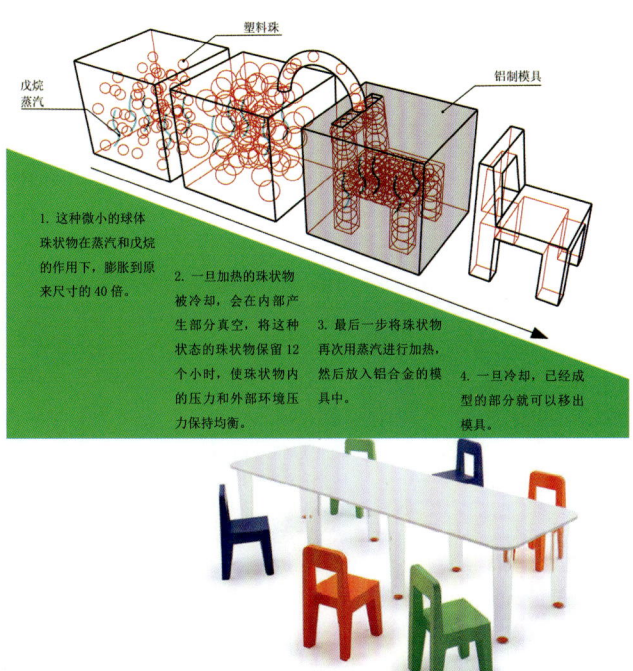

图 3-64

8. "明月"椅（如图3-65、图3-66、图3-67、图3-68）

设计师为莎罗·坤马特（Shiro Kuramata，日本人，1934—1991），与其说这是一款用满是孔洞的锻钢制成的椅子，倒不如说它是一件艺术品更恰当。此款椅子是坤马特先生毕生中最能代表他极简抽象派艺术风格的作品。据厂商宣称，它是当今最为熠熠闪光的大型沙发椅。

使用钢模板将经过特殊处理的钢丝网切分成九部分，包括椅子腿和四条窄的边框。椅子的各部分摆放到位并用夹子固定好。椅子的各部分在边缘处搭碰到一起，工人对网的每一个相交点进行焊接。椅子的各部分使用钢条加固，在椅子定型前上面有大约2 300个焊接点，每个镀镍层厚15 mm，最后还要在每个焊点上加盖环氧树脂。

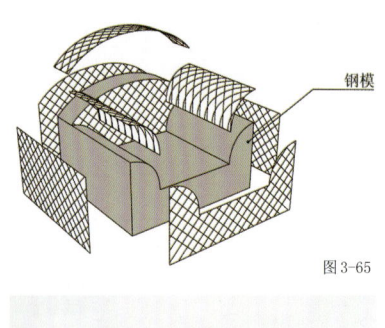

图3-65

图3-66

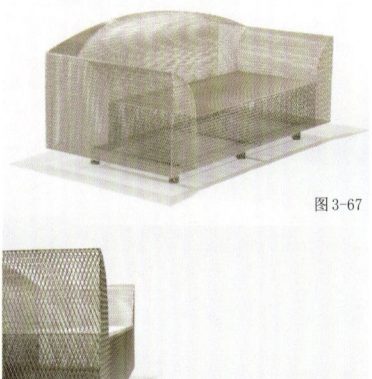

图3-67

图3-68

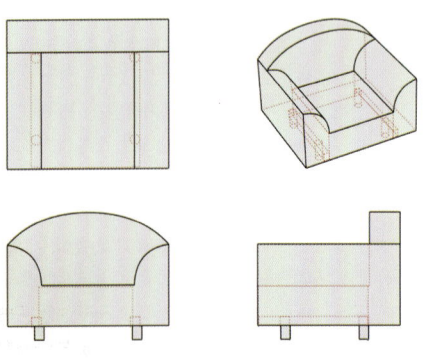

9. 弯木家具（如图3-69、图3-70）

"交叉"扶手椅，设计师是福兰克·盖里（Frank Gehry，加拿大人，生于1929年），此把椅子的设计师和技术指导汤姆·麦克米歇尔（Tam MacMichael）在这组弯木家具上花了两年多的时间和厂商的一大笔经费。新产品的主要特点在于它使用了一种新的胶，从而不必再添加起固定作用的金属扣件了。这把"交叉"扶手椅是整套椅子中的一把，着浅色或乌木色漆的两张桌子和一把矮脚条凳十分适用。

它的设计灵感来自于19—20世纪果农喜爱使用的木条编成的"蒲式耳"筐。

图3-69

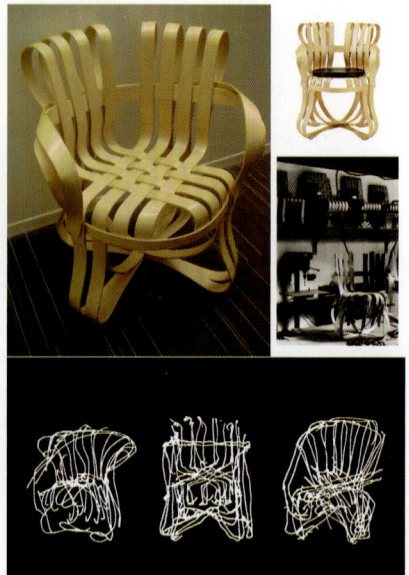

图3-70

图3-71

10. 玻璃热弯工艺（如图3-71、图3-72、图3-73）

"魔鬼"扶手椅，由西尼·博埃利·马利阿尼（Cini Boeri Mariani，意大利人，生于1924年）和托马·卡塔亚那古（Tomu Kataganagi，日本人，生于1950年）于1987年设计，材料为高温玻璃。为了改变玻璃材料易碎的名声，这把椅子是整块玻璃在熔炉内弯曲成型的。工艺由安东尼奥·利维（Antonio Livi）开发，他于1972年创建了菲姆（Fiam）公司，生产了一系列灵巧的、弯弯曲曲的玻璃家具。已是一个不可思议的结构，这个家具正陈列在世界各地的博物馆中，如米兰的Triennale和纽约的Corning玻璃博物馆，它作为新奇事物的价值远远超越它作为家具的日常使用功能。

热弯玻璃就是让玻璃自身滑落成型。很多人都知道如果将片材搁置一段时间，片材会自己变形。不过要使玻璃在自然条件下变形就比较难，除非将其加热到一定的温度否则要使玻璃变形将耗费很长的时间。把一片普通的玻璃放在经过特殊加工的高温成型模具（由耐热材料加工而成的高温成型模具）里，再将它加热到630℃，这时玻璃就会变柔软而容易成型，将玻璃冷却后其形状就固定下来了。

要制作一张Fiam椅子，一片12mm厚的水晶玻璃首先被切割成型。由计算机控制的水射流与研磨粉末的混合物以1000m/s的速度从细小的喷头里喷出。这股射流力量很强，足以射穿任何材料。当这片玻璃被切割完成时，就可以进行弯曲加工了。

整片片材和经过特殊处理的滚压轮都要被加热到同样的高温——即使出现小的温度变化都会导致片材破裂，在合适的温度下玻璃会变软，并且在自重的压力下经人手协助落进高温成型模具里。菲姆公司看似简单的生产隐含了很复杂的加热工序，其严密的规定将弯曲室的温度严格地控制在适当的程度。最终产品的形态和概念都十分简单，但是这种简单只有经过复杂的现代科技处理才能实现（成品率很高）。

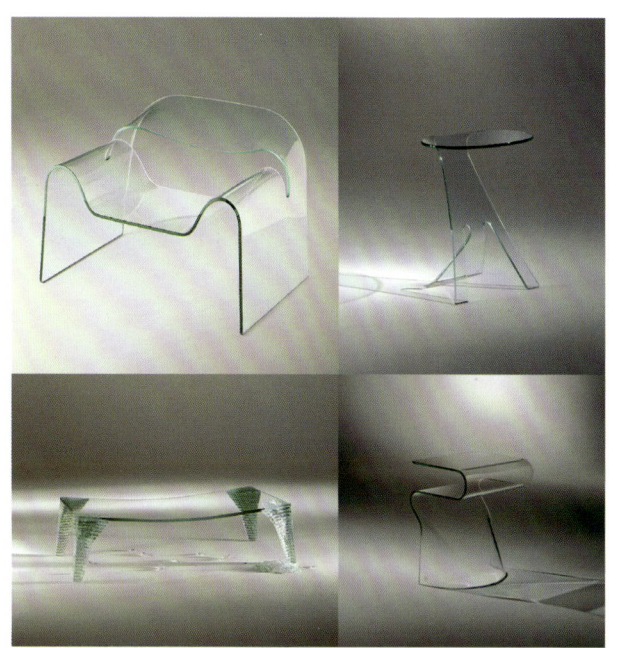

图3-72

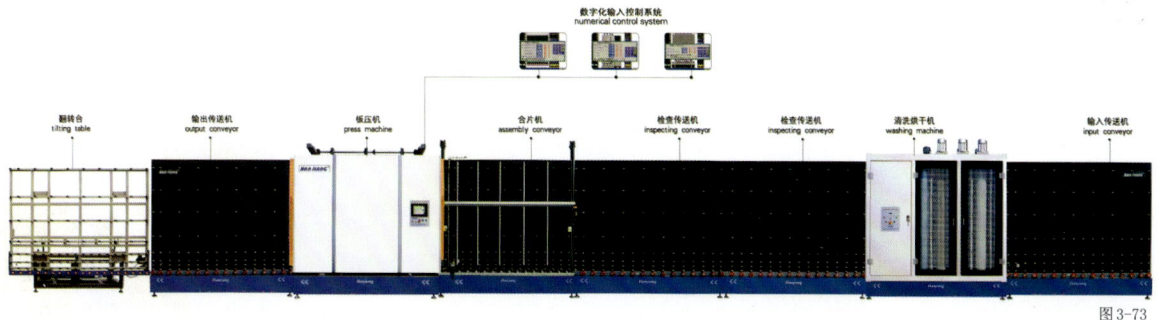

图3-73

11.胶合板热弯工艺（如图3-74）

（1）NXT套椅（如图3-75），设计师是皮特·卡朋（Peter Karpf 丹麦人，生于1940年），此款椅子经过艰苦的研制才获得成功并取得了专利。其先进之处在于它既可承压，自重又很轻。椅子材料中融入了几层非常薄的天然木质，且其纹理角度交替变换。椅子只有3.5kg重，可以说是全木质的家具，能用漆喷成红、蓝、黄、绿等各种颜色。

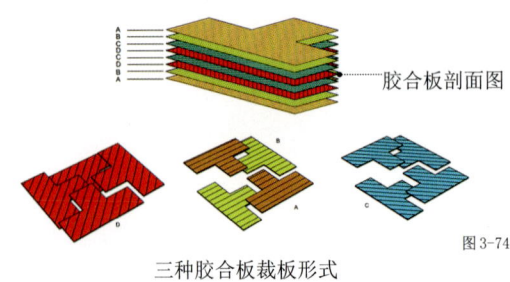

图3-74

三种胶合板裁板形式

图3-75

（2）"噢！玛丽—洛尔"桌，克里丝汀·格恩（Christian Ghion，法国人，生于1958年）和帕特里克·那多（Patrick Nadeau，法国人，生于1955年）设计采用胶合板处理的新方法，需要切割的板材在加工之前就要弯曲好。设计师们采用电脑创新技术，使别人手里平庸的物件平添了几分令人神怡的艺术魅力。(图3-37、图3-38）

封头休闲椅LC1由设计师马可·纽森（Marc Newson，澳大利亚人，生于1962年）于1988年设计。他们将从前的椅子模型加以改造，材料由塑料（玻璃纤维）和一种金属（铝）组成。椅子只有三条腿，这个工业产品一点也谈不上舒适。全世界只有10把这样的椅子，且价格十分昂贵。

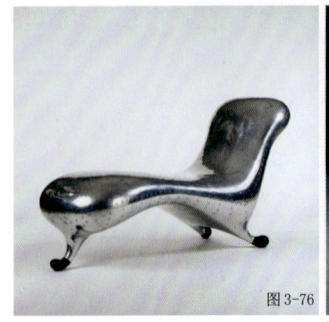

图3-76

图3-77

图3-78

第三章 认识家具材料与结构

12. 纸木家具结构

纸木家具由秦悦设计（如图3-79、图3-80），此贴纸家具设计的加工过程首先是制作木质龙骨，然后用面粉熬制的浆糊将牛皮纸层叠包裹其上，共粘和5层。最后用云纹宣纸正面贴合，形成座椅外表面。

此座椅设计意在以流畅的曲线与坚硬的直线显示整体座椅的紧张感，强调空间中的制约与平衡。

座椅底部的双曲面设计力求显示优雅的贵族气质，椅背上镂空的结构卡口，则强调出座椅的张力与工艺感。座椅表面上的云纹宣纸以层叠的方式章显文化底蕴。

图3-79

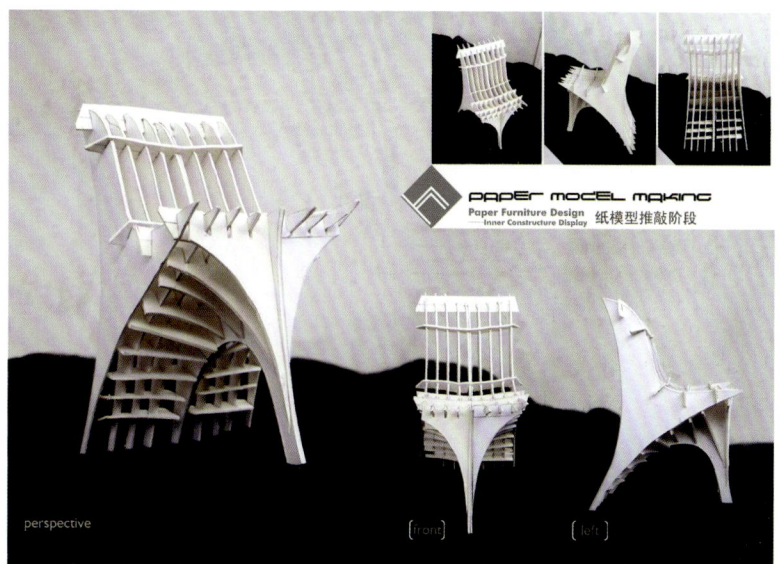

图3-80

图 3-81　图 3-82

13. DIY 和宜家待装家具

(1) DIY-Do It Yourself

（如图 3-81、图 3-82、图 3-83、图 3-84、图 3-85）

图 3-83　图 3-84

图 3-85

（2）宜家待装家具

（如图 3-86、图 3-87、图 3-88、图 3-89、图 3-90、图 3-91、图 3-92）

图 3-86　图 3-87

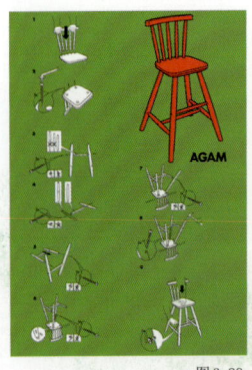
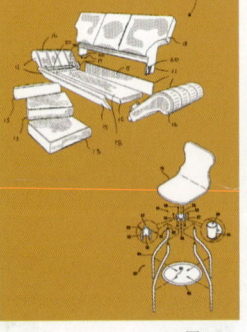

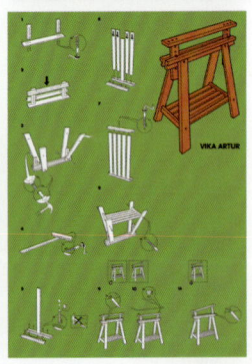

图 3-88　图 3-89　图 3-90　图 3-91

第四章

影响家具设计的诸要素

第一节 功能因素

第二节 人机因素

第三节 文化因素

第四节 形态因素

第五节 色彩因素

第六节 环境因素

知识链接
学习聚焦

第四章

影响家具设计的诸要素

第一节
功能因素

虽然家具作为一种生活用品与纯粹的艺术品有所不同,但是家具也不仅仅是简单的功能性物质产品。家具首先应当具备实用的功能,没有基本使用功能就无从谈及家具。家具的功能包括两个元素:一是基本的物质使用功能,包括以人体工程学为基础的舒适性设计;二是精神功能的延展,愉悦使用者,体现人性化设计。优秀的家具产品设计既具有实用性,又是一个审美上、精神上的艺术品。

考虑到生产环节和商品流通领域,可把家具产品的功能分为四个方面,即技术功能、经济功能、使用功能与审美功能。

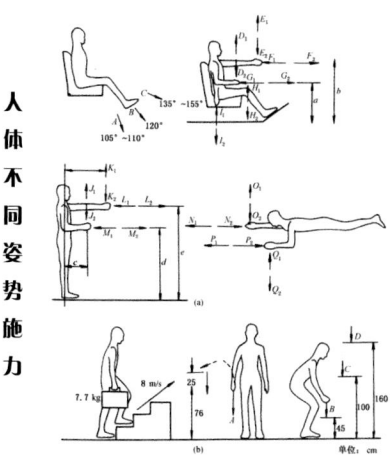

人体不同姿势施力

图 4-1

第二节
人机因素

社会的发展、技术的进步、产品的更新、生活节奏的加快等一系列的社会与物质因素，使人们在享受物质生活的同时，更加注重物质在"方便""舒适""可靠""价值""安全"和"效率"等方面的最优化评价，也就是在现今产品设计中常提到的人性化设计问题。人性化设计理念的形成关键是人体工程学原理在设计学科中的充分运用。

国际人机工程学会（International Ergonomics Association）对人机工程学下的定义为：研究人在某种工作环境中的解剖学、生理学和心理学等方面的各种因素；研究人和机器及环境的相互作用；研究在工作中、家庭生活中和休假时怎样统一考虑工作效率、人的健康、安全和舒适等问题的学科。

家具设计是一种创作活动，它必须依据人体尺度及使用要求，将技术与艺术诸要素加以完美的综合，早已超越了单纯实用的需求层面。家具设计是建立在对人体的生理、心理等人体机能特征的充分了解的基础上来进行的系统化设计。家具的服务对象是人，因此家具设计的第一要素是符合人的生理机能和满足人的心理需求。

一、人体组成

家具设计首先要研究家具与人体的关系，所以需要了解人体的生理组织系统。

人体主要由骨骼系统、肌肉系统、血液循环系统、呼吸系统、消化系统、泌尿系统、内分泌系统、神经系统、感觉系统等组成。这些系统互相配合、相互制约地共同维持着人的生理活动，骨骼系统、肌肉系统、感觉系统和神经系统与家具设计有密切关联（如图 4-1）。

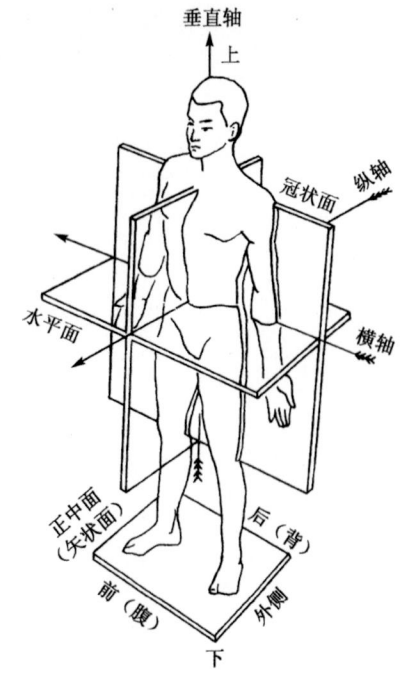

图 4-2 人体测量基准面

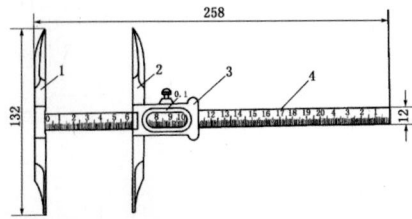

图 4-3 人体测量用直角规

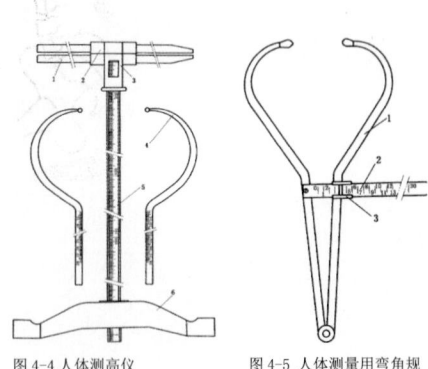

图 4-4 人体测高仪　　图 4-5 人体测量用弯角规

二、人体姿态

从家具设计的角度来看，依据人体在一定姿态下的肌肉、骨骼的结构来设计家具，能调整人的体力损耗、减少肌肉的疲劳，从而极大地提高工作效率。因此在家具设计中对常见人体姿态的研究显得十分必要。与家具设计密切相关的人体动作主要是立、坐、卧。

立。站立是人体最基本的自然姿态，是由骨骼和无数关节支撑而成。人体在站立活动中，人体的足踝、膝部、臀部和脊椎等关节部位必须以静态肌力使之处于一定的位置，活动变化最少的应属腰椎及其附属的肌肉部分，因此人的腰部最易感到疲劳，这就需要人们经常活动腰部和改变站姿。

坐。坐姿是一种人体的自然姿势，当人体站立过久时，需要坐下来休息，人们的工作和活动也有相当大的部分是坐着进行的，因而需要研究人坐着活动时骨骼和肌肉的关系。人体的躯干结构支撑上部身体重量和保护内脏不受压迫，当人坐下时，由于骨盆与脊椎的关系推动了原有直立姿态时的腿骨支撑关系，人体的躯干结构就不能保持平衡，人体必须依靠适当的坐平面和靠背倾斜面来得到支撑和保持躯干的平衡，使人体骨骼、肌肉在人坐下来时能获得合理的松弛形态，为此人们设计了各类坐具以满足坐姿状态下的各种使用活动。

卧。卧的姿态是人希望得到的最好的休息状态，不管站立还是坐，人的脊椎骨骼和骨肉总是受到压迫和处于一定的收缩状态，而卧的姿态，才能使脊椎骨骼的受压状态得到真正的松弛，从而得到最好的休息。从动作形态来认识，才能理解"卧"的意义。

三、人体尺度

家具设计最主要的依据是人体尺度，如人体站立的基本高度、伸手最大的活动范围、坐姿时的下腿高度、上腿的长度及上身的活动范围，睡姿时的人体宽度，长度及翻身的范围等都与家具尺寸有着密切的关系。因此学习家具设计，必须首先了解人体各部位固有的基本尺度。可参阅 GB10000—88 中国成年人人体尺寸国家标准。

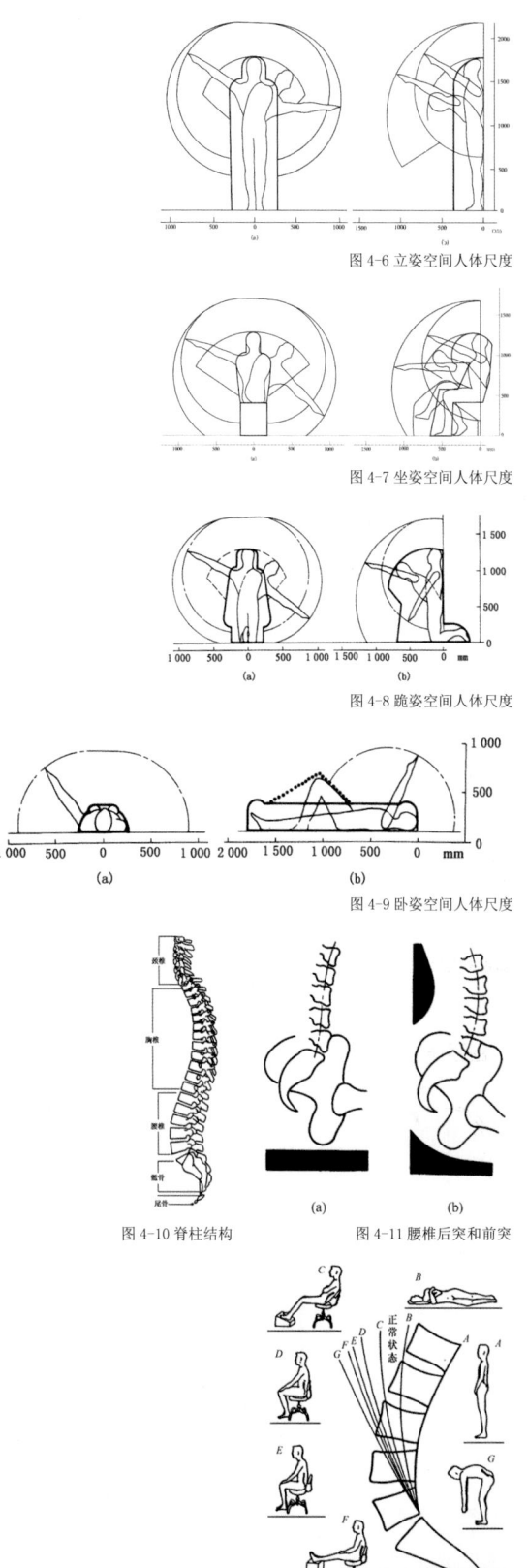

图 4-6 立姿空间人体尺度

图 4-7 坐姿空间人体尺度

图 4-8 跪姿空间人体尺度

图 4-9 卧姿空间人体尺度

图 4-10 脊柱结构　　图 4-11 腰椎后突和前突

图 4-12 腰曲弧线

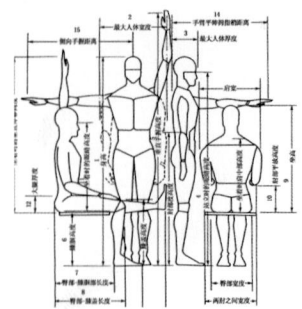

图 4-13 设计常用测量尺寸

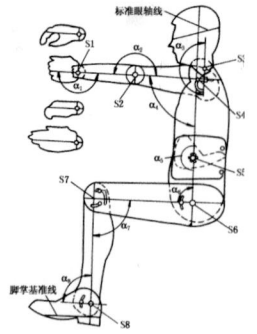

图 4-14 设计用人体模板-1

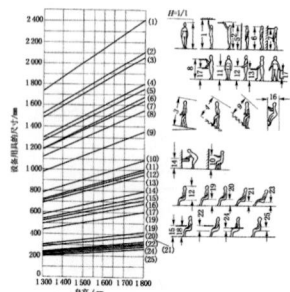

图 4-15 以身高为基准的设备和用具尺寸推算

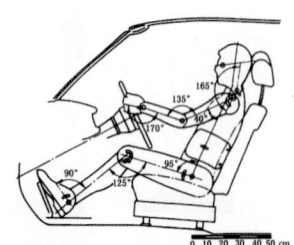

图 4-16 设计用人体模板-2

图 4-17 坐姿人体测量尺寸

四、座椅设计人体工程学原理

1. 座椅的人体工程学因素

坐姿改以脚支撑全身为以臀部支撑全身的状况，有利于充分发挥脚的作用。坐姿比立姿更有利于血液循环，人站立时血液和组织液会向腿部蓄积，坐时肌肉组织松弛，腿部血管内的流体静压力降低，血液流至心脏的阻力就会减少。座椅有助于操作者采取更为稳定的姿势完成各种精巧的动作，而且坐姿也是操作足踏式控制装置的较佳姿势。但是，坐姿在某些方面也存在缺点，如它限制了人体的活动性。长期的坐姿对人体健康也不利，例如它会引起腹部肌肉松弛、脊柱不正常的弯曲以及损害某些体内器官的功能（如消化器官、呼吸器官）等，而且坐姿也会在人体的主要支撑面上产生压力，如果长时间坐在硬质的座垫上，臀部局部受到压力，会有很不舒适的感觉。坐姿不正确、座椅设计不合理，都会给身体带来严重损害。所以座椅设计要充分考虑对人的生理影响。座椅可分为：① 工作椅，② 休闲椅，③ 多功能椅。工作椅的设计包含着非常广阔的范围——从最简单的工作台或椅子

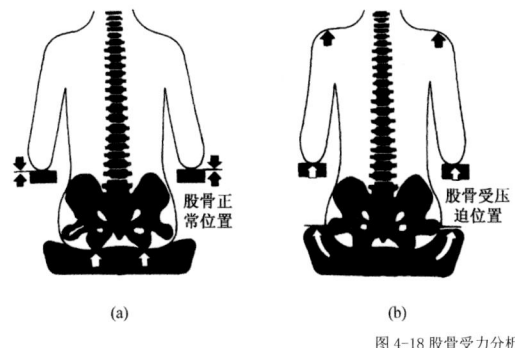

图 4-18 股骨受力分析

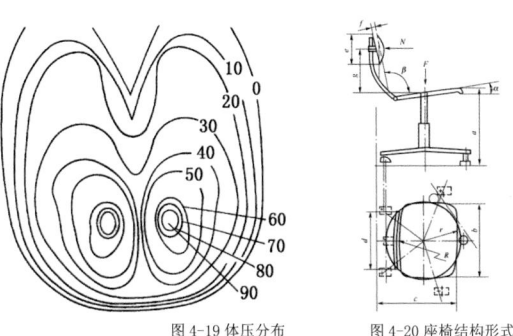

图 4-19 体压分布　　图 4-20 座椅结构形式

到最精细、可调整的座椅。适当的座椅设计可以减少疲劳,提高生产效率,节省时间与劳力。反之,不良的座椅会使精神不振以及影响到操作设备,使工作效率降低。

2. 座椅设计的一般原则

座椅设计的一般原则:① 座椅的形式和尺度与坐的目的或动机有关;② 座椅的尺度必须与相对的人体测量值配合;③ 座椅的设计必须能为坐者提供足够的支撑与稳定作用;④ 座椅的设计必须能使坐者可以改变其姿势,但其椅垫必须足以防止坐姿行为中的滑脱现象;⑤ 靠背,特别是腰部的支撑,可降低脊柱所产生的紧张压力;⑥ 坐垫必须有充分的衬垫和适当的硬度,有助于将人体的压力分布于坐骨结节附近。

(1) 座椅坐高。

坐高是影响坐姿舒适程度的重要因素之一,坐面高度不合理会导致不正确的坐姿,并且坐的时间稍久,就会使人体腰部产生疲劳感。正确的坐高应使坐者大腿保持水平,小腿垂直,双腿平放在地面上。建议坐

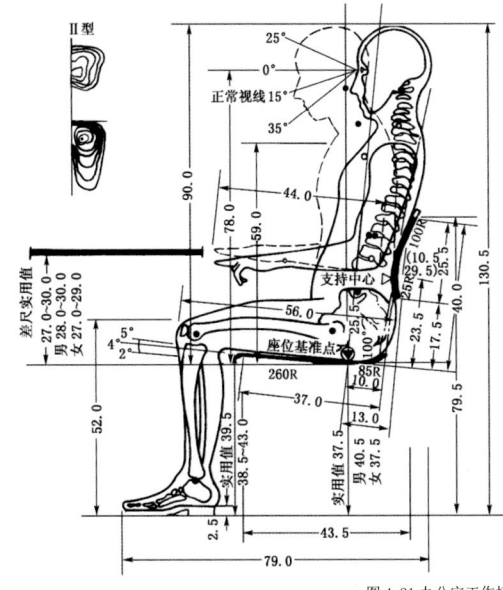

图 4-21 办公室工作椅

垫前端应比人体膝窝高度低约 5 cm，而且使膝窝感受不出压迫感，坐垫前端宜有半径 2.5~5 cm 的弧度。休息用椅、工作用椅、多用途椅三者坐高的设计原则互不相同，主要原因在于使用的功能互有差异。休息用椅需使腿部能向前方舒适地伸展。而对工作用椅而言，人体通常需以较直立式姿势坐下且双脚平放于地面，其坐高宜比休息用椅稍高。许多研究认为，工作用椅的坐高宜设定为可调整式的，以适应多数人使用。因此，休息用椅坐高宜为 38~45 cm，工作用椅坐高为 35~50 cm。

（2）座椅坐宽。

椅子坐面的宽度根据人的坐姿及动作，往往呈前宽后窄的形状，坐面的前沿宽度称坐前宽，后沿宽度称坐后宽。座椅的宽度应使臀部得到全部支承并有适当的活动余地，便于人体坐姿的变换。一般坐宽不小于 380 mm，对于有扶手的靠椅来说，要考虑人体手臂的扶靠，以扶手的内宽来作为坐宽的尺寸，按人体平均肩宽尺寸加以适当的余量，一般不小于 460 mm，但也不宜过宽，应以自然垂臂的舒适姿态肩宽为准。坐宽相对应的人体测量值是臀宽，这种人体尺寸值受性别的差异影响较大，坐宽宜采用较高百分位的女性臀宽测量值为设计依据。对于排列成行的座椅，其坐宽则应以两肘间的距离为基准，如此人们才不致产生压迫感。因此，座椅坐宽宜为 38~48 cm。

（3）座椅坐深。

座椅设计中，坐面深度要适中，通常坐深应小于人坐姿时的大腿水平长度，使坐面前沿离小腿有一定的距离，保证小腿一定的活动自由。根据人体尺度统计结果，我国人体坐姿的大腿水平长度平均：男性为 445 mm，女性为 425 mm，然后保证坐面前沿离开膝窝一定的距离约 60 mm，这样，一般情况下坐深尺寸在 380~420 mm 之间。对于普通工作椅来说，由于工作人体腰椎与骨盆之间成垂直状态，所以其坐深可以浅一点。而作为休息的靠椅，因其腰椎与骨盆的状态呈倾斜钝角状，故休息椅的坐深可设计得略为深一些。对工作用椅而言，它的使用者分布很广，其坐深可取身材较矮小者的人体测量值作为设计依据。因此，休息用椅坐深可为 42~45 cm；工作用椅坐深为 30~40 cm。

(4)座椅坐面角度。

坐面角度应以与坐垫水平夹角衡量。坐垫后倾有两种作用：首先由于重力作用，躯干会向靠背后移，使背部有所支撑，降低背部肌肉的静态肌力；其次在长期的坐姿下，坐垫后倾可以防止臀部逐渐滑出坐面。休息用椅和工作用椅的坐面角度有很大的差异。坐于休息椅的目的是让身心松弛，当然最佳的松弛状态是身体躺下呈水平式的姿势，而后倾的坐垫面有助于维持类似姿势。但工作用椅目的在于获得一种使它很容易接近于前方工作区的姿势，后倾的坐面使坐者必须以躯干向前的姿势工作，脊柱形成了不正常弯曲。大部分工作需要以人体躯干朝前弯曲的姿势来进行，前倾式的坐面符合这种条件。而坐在坐面后倾角度即使只有5°的工作椅上，也会引起腰部曲线拉直而产生不舒适感。

(5)座椅靠背高度与宽度。

由于无靠背或不正确的靠背会产生脊柱后凸的姿势，使两椎骨间产生过度的压力；而正确的腰部支撑形成的脊柱前弯姿势，是一种合乎自然的姿势。这种姿势可由两种座椅设计条件获得：一种是考虑面与背之间的角度；另一种是必须正确地支撑腰椎部位。成年人腰部前弯曲率厚度约为1.5~2.5 cm，纵向弧度约为半径25 cm，中心位置约在座面上方23~26 cm处，而腰椎的支撑点位置则应稍高一些，以达到支撑人体背部重量的目的。靠背的功能主要是维持一种避免疲劳的松弛式脊柱姿势，因此其形状和角度才是最重要的。为了配合落坐时人体向后突出的骶骨和臀部柔软的需要，同时又要使腰部能坚实地配合在靠背上，在座垫正上方的靠背必须有一开口区域或向后倾斜退缩，其高度空间至少为12.5~20 cm，需要根据使用场合采用不同的靠背高度，取值范围宜为46~61 cm；靠背宽为35~48 cm。

(6)座椅靠背角度。

与坐垫角度相同，为了防止人体坐姿向前滑动和引导腰弯部位(包括骶椎)依靠在靠背上，设计时必须考虑靠背与坐垫之间的角度。从人体脊柱形状而言，靠背角度在115°，较为合适，接近自然的腰部形状。不过也有人主张比直角稍大的95°~100°，可使人获得较佳的舒适感。Jonesm用一种能调节高度的汽车

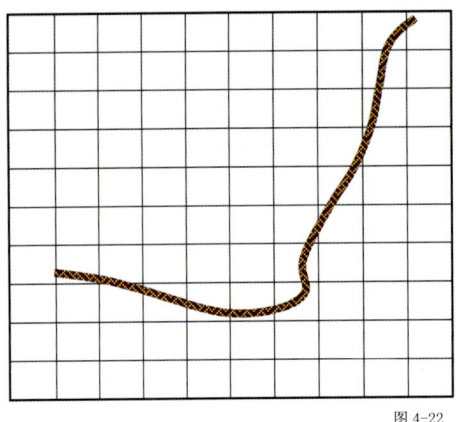
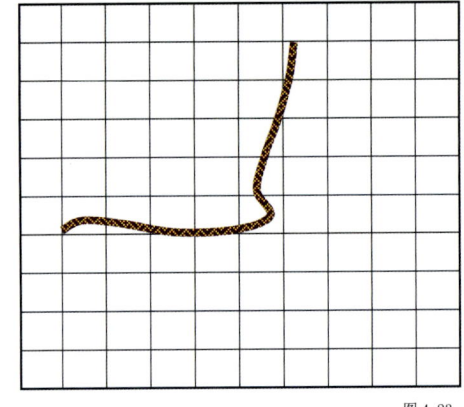

图 4-22　　　　　　　　　　　　　　　　　　图 4-23

用椅，让坐者以不同的坐姿坐下，研究了姿势与舒适的关系。经过研究，他建议最佳的靠背角度是 108°，Grand jeanc 在研究了各种不同场合休闲用椅的最佳靠背角度后，建议阅读时最佳的角度是 101°~104°，而纯粹为了放松身心的休闲椅的最佳角度为 105°~108°。

（7）座椅扶手高度。

扶手的主要功能在于使手臂有所依靠，使人体处于较稳定的状态。它也作为改变坐姿和从座椅上站起等动作的支柱。在某些依靠手指的控制操作中，扶手也常被用作稳定装置的替代品。扶手不可设定得太高。太高的扶手使肩膀高耸成圆状，肩部与颈部的肌肉拉伸，产生僵硬的痛苦或引起肩部酸痛；而太低的扶手则使手肘支撑不良，导致弯腰或使躯干斜向一侧等。

休息扶手高度一般取 200~230 mm，两扶手的间距可取 500~600 mm。运输工具中两扶手间距一般取 400~500 mm。

（8）座椅椅垫。

椅垫具有两种重要功能，首先它有助于将坐骨结节和臀部的体重所产生的压力予以分散，若此种压力无法排除则会引起不舒适甚至疲劳感等；其次它使身体采取一椭敏定的姿势，将身体凹陷入椅垫并予以支撑。椅垫不可太柔软，当人体坐在柔软椅垫上，在排除压力的同时，很容易使整个身体无法得到应有的支撑，从而产生坐姿不稳定的感觉。人体坐在休闲椅的柔软材质上时，只有双脚依靠在坚实的地面上才有稳定感。因此，弹力太大的座椅非但无法使人体获得依靠，甚至由于需要维持一种特定姿势，肌肉内应力的增加将导致疲劳产生。

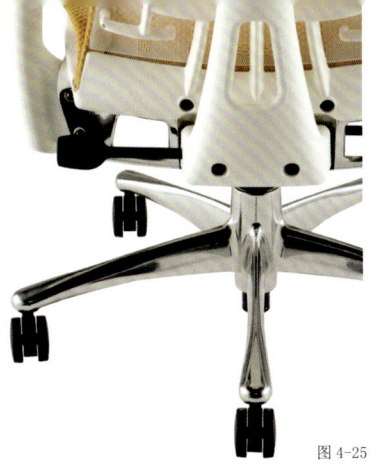

第四章 影响家具设计的诸要素

Embody

——Bill Stumpf & Jeff Weber

图 4-25

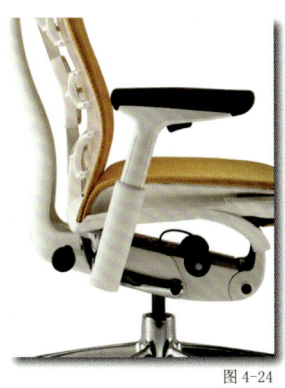

图 4-24

  著名设计大师 Bill Stumpf 和 Jeff Weber 为了实现设计目标："设计一款椅子，不仅是减轻长时间坐着带来的负面影响，而且能积极地影响人们生理和心理健康，甚至对长时间坐的人起到治疗作用。"通过与来自医学、物理、生物、人机、视觉等专业领域 30 多位专家共同的努力和千百次的科学实验，终于为 Herman Miller 公司设计研制出"世界上最舒服的椅子——Embody chair"。

  Embody 的外观和材质更接近人类本源，基于环保的考虑，42% 的材料来自回收再利用的材料，整体上 95% 是可回收的，不含 PVC。（如图 4-24、图 4-25、图 4-26、图 4-27）

  Embody 的底座也由实心不锈钢打造，40~50 Kg 的重量能够保证椅子的平衡，此外，底座配有极为顺滑的金属滚轮，移动起来不会有任何问题。（如图 4-28）

  Embody 椅子有 7 个不同的手柄和按钮可供我们调整，通过这 7 个控制点，可以轻松调整椅子的靠背倾斜度到坐垫位置，甚至靠背的距离，用户无需细致调节，就能获得很好的舒适度。（如图 4-29、图 4-30）

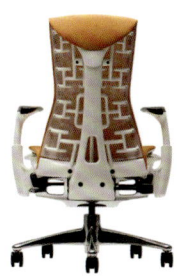

从左至右依次为：
图 4-26、图 4-27、图 4-28

71

图 4-29

　　Embody 的坐垫采用了四层材质。其中相互紧扣的高强度塑料提供了合理的支撑和柔韧度。第二层卷带马口铁网格为椅子提供足够的强度。第三层六边形系统圆环交错扣具,能把身体重量平均分布开来。最后一层网面提供的是极佳的触感和优秀的空气散热流动性,坐得再久也不会感觉闷热。(如图 4-36、图 4-37)

　　根据人体脊柱的活动原理设计的靠背让人能更自由地移动和变换姿势,保证血液循环的通畅,让人能够长时间舒适而有所依靠地坐着办公。整个靠背由大量连接件构成的阵列组成,可以动态不间断地调整支撑度,实现对动态姿势更大的支持,在任何姿势下都能获得绝佳的舒适度。Embody 允许单独调整靠背的弹性和柔韧度,无论你如何变化姿势,Embody 都能提供舒适的支撑,每个节点和连接件都有着明确的功能设计,而且靠背采用了独立支撑以便获得最大的俯仰角度。(如图 4-38、图 4-39、图 4-40)

图 4-31

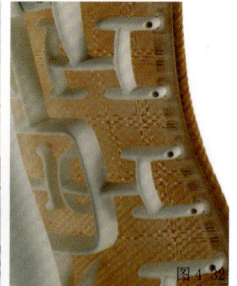

图 4-32

图 4-33

图 4-34

图 4-35

图 4-30

第三节
文化因素

中外家具的发展史是人类造物活动的一个重要组成部分，也是人类文化在家具产品上的充分显现。首先，家具是一类社会物质产品，作为重要的物质文化形态，家具表现为直接为人类社会的生产、生活、学习、交际和文化娱乐等活动服务。同时，家具又是一门生活艺术，它结合环境艺术、造型艺术和装饰艺术等，以特有的形象和符号来影响和沟通人的情感，形成特定的精神文化形态。

家具是某一国家或地域在某一历史时期社会生产力发展水平的标志，是某种生活方式的缩影，是某种文化形态的显现。而且随着社会的发展，这种文化形态或风格形式的变化和更新浪潮，将更加迅速和频繁，因而家具文化在发展过程中必然或多或少地反映出社会性特征、地域性特征、民族性特征、时代性特征等。

知识链接

明式家具与礼制

第四节
形态因素

形态是造型要素的基础，可以分为具象形态和抽象概念形态。

具象形态可以分为自然形态和人工形态。

抽象形态即几何学定义的点、线、面、体，其本身不能被直接感知，作为造型要素被表示为可见的记号，从而成为构成具象形态的基本形式。

在造型设计中，体可理解为点、线、面在三度空间围成的各种形状的几何体。

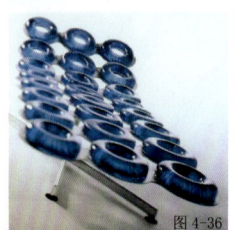

图 4-36

学习聚焦：

点、线、面、体与家具设计：
- 图 4-36 家具设计与点构成
- 图 4-37-1、图 4-37-2、图 4-37-3 家具设计与线构成
- 图 4-38-1、图 4-38-2、图 4-38-3、图 4-38-4、图 4-38-5、图 4-38-6 家具设计与面构成

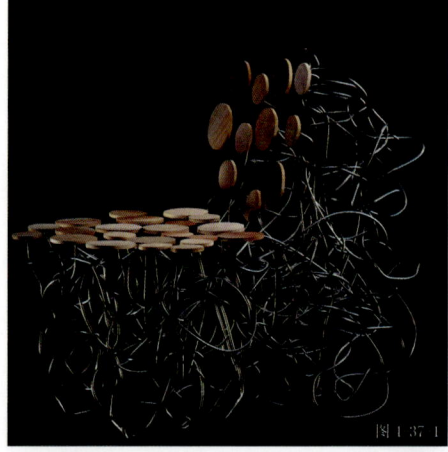

图 4-37-1

图 4-38-1

图 4-37-3

第四章 影响家具设计的诸要素

图 4-38-2

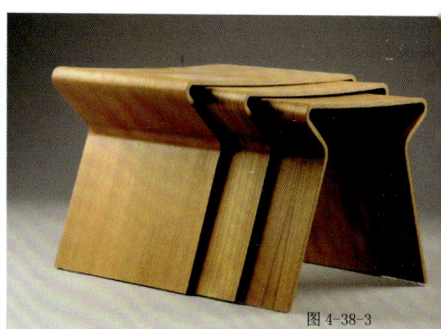

图 4-38-3

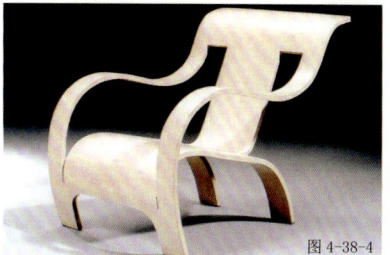

图 4-38-4

图 4-38-5

图 4-38-6

图 4-37-4

图 4-39

图 4-40

第五节
色彩因素

　　家具与色彩两者共为一体，它们十分密切而又共同地影响着人们对它们的感受。家具色彩主要体现在材料固有色、保护色、装饰色以及织物色等。家具的色彩设计应考虑到人的因素，色彩是人的一种重要知觉。家具色彩设计应考虑到其他相关的因素，这需要设计师掌握一定的色彩知识，不断实践，根据具体家具的设计需要，综合考虑影响因素，选用适宜的色彩，以求达到最佳的视觉效果。

学习聚焦：

图 4-39、图 4-40 家具设计与色彩

图 4-41　　　　　　　　　　　　　　　　　　　　　图 4-42

第六节
环境因素

家具是在一定的环境中被使用的，使用环境性质的不同对家具色彩有不同的要求。

家具按使用环境的性质可分为：

（1）文化性环境中的家具：包括各类学校、文化馆、博物馆以及一些展览、观演类环境中所使用的家具，其家具色彩宜明净高雅，与其文化品位交相辉映。

（2）居住性环境中的家具：其色彩设计应和舒适、安宁的追求一致，宜选择恬淡柔和的暖色调；旅馆家具虽有一定的商业性，但其色彩性格应该与居住性环境大体一致。

（3）商业性环境中的家具：正如商业行业的品类繁多的商品一样，其色彩环境是多式多样的，由于广告性要求，有的即使很出格，也毫不足怪。

（4）办公环境中的家具：其色彩不要过于花哨，要相对稳重些。

（5）体育娱乐环境中的家具：其色彩关系会比较跳跃和刺激等。

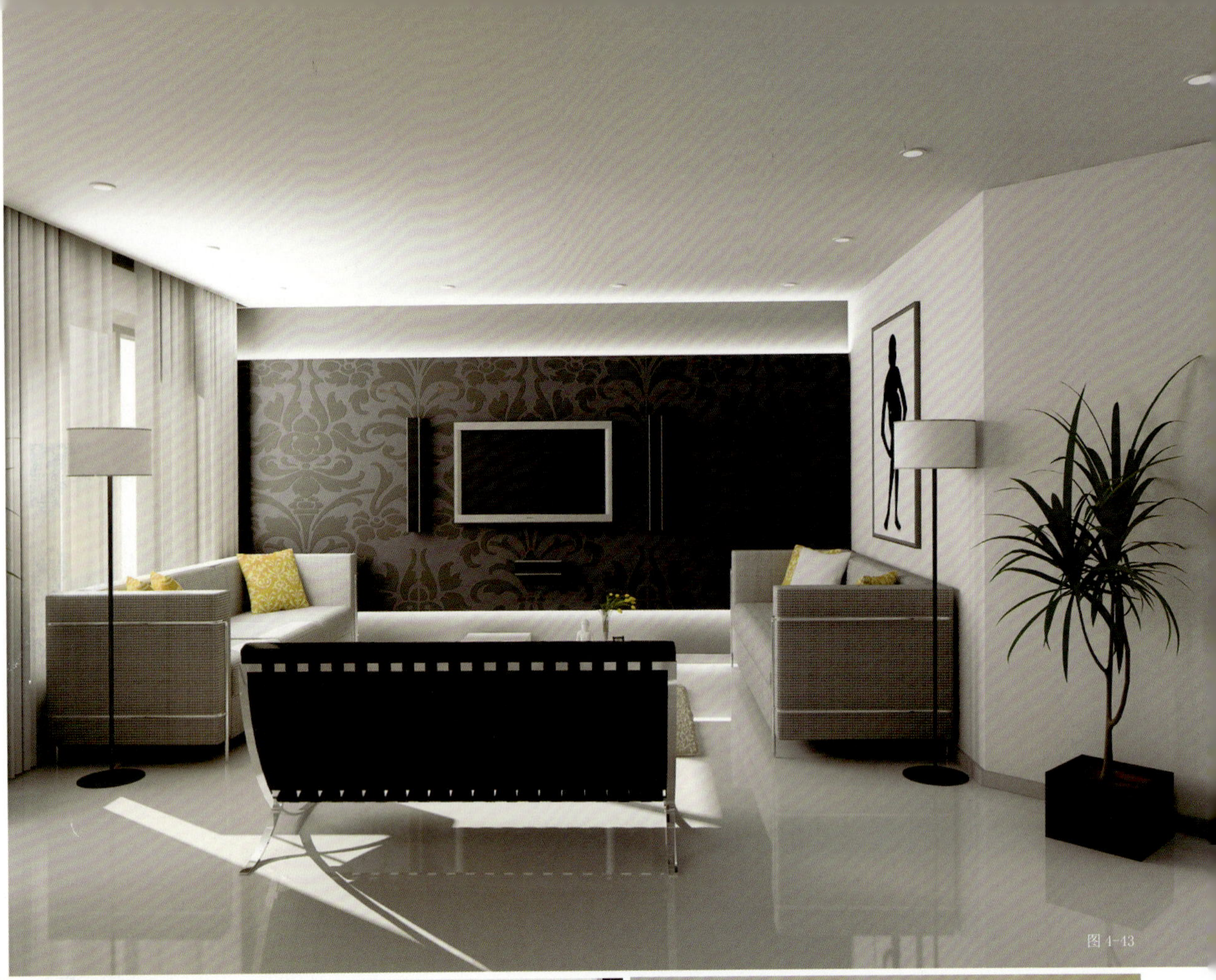

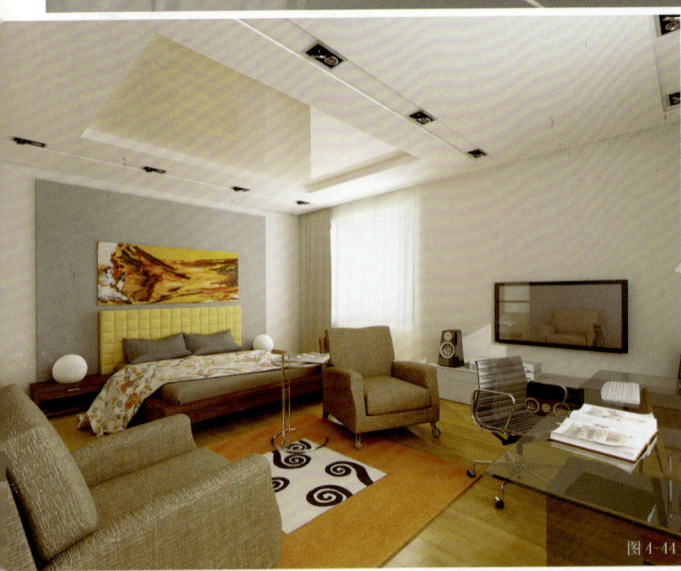

图 4-43

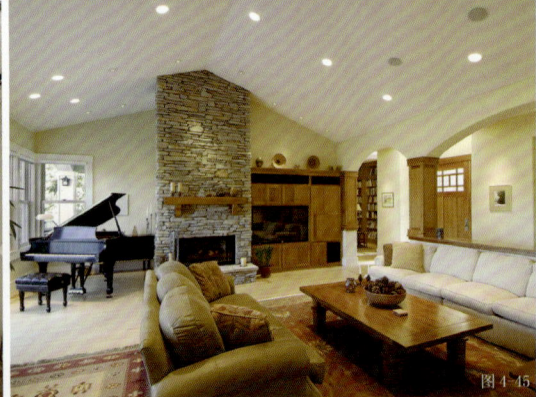

图 4-44

图 4-45

图 4-46

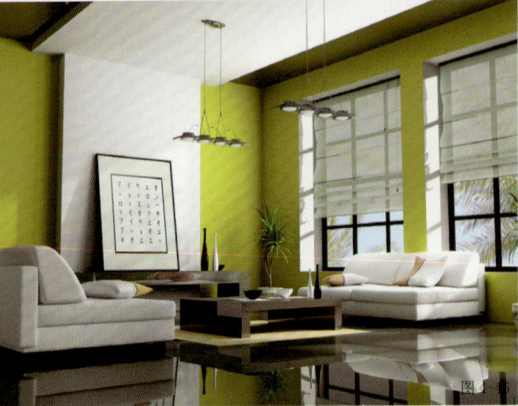

学习聚焦

图 4-43、图 4-44 家具与居住性环境

图 4-45、图 4-46 家具设计的个性化

第五章

如何有效完成家具设计？

第一节 家具设计的程序
准备阶段 – 构思阶段 – 构思的表达 – 立体制作阶段 – 设计定型阶段（结合产品全生命周期的概念）

第二节 家具设计方法及要点

案例直击
学习聚焦
训练与拓展

第五章
如何有效完成家具设计？

　　同仅依靠设计者经验、感觉和灵感的手工业时代的传统设计模式相比，现代家具设计必须依据现代工业设计的一般原则与方法。如同其他产品设计一样，其设计过程同样要经过发现问题、分析问题、解决问题这三个主要阶段，具体反映在家具产品开发设计上，也就是如何才能有效地进行家具设计。为此本章将依据一般产品设计开发的经验，借鉴国内外家具新产品开发与设计中所积累的经验，总结出实际操作性较强的一般规律和方法，供大家学习和参考，对于拓宽设计思路，寻找家具设计的切入点与突破口，正确表达设计意念和提高设计水平是十分必要的。此外，在学习设计过程中必须与具体实践密切结合，创造性地灵活运用所学知识，只有这样才能有效地完成家具设计。

第一节 家具设计的程序

　　作为一项产品开发设计工作，从开始到完成必然应遵循一定的程序。家具设计也不例外，也应该依照程序层层推进，并在序列性进程中体现和提高设计效率。那么家具设计的程序是怎样进行的呢？在产品设计中，设计前的市场调研是产品设计开发成功最基本、最可靠的保证，因此在这个阶段中首先是通过市场调研获取相关讯息，在对资料作出整理与分析后，获取对所开发产品的设计定位，这就是设计程序的首要阶段——设计策划阶段（如表5-1所示）。根据所确立的设计目标，我们进入设计开发的第二阶段——初步设计阶段（如表5-2所示）。

表 5-1 设计策划阶段

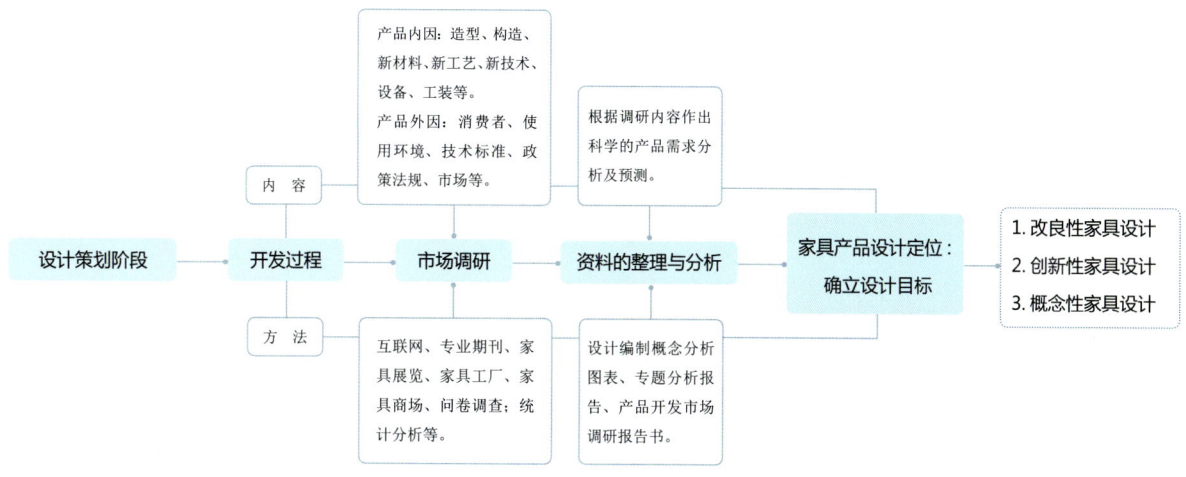

表 5-2 初步设计阶段

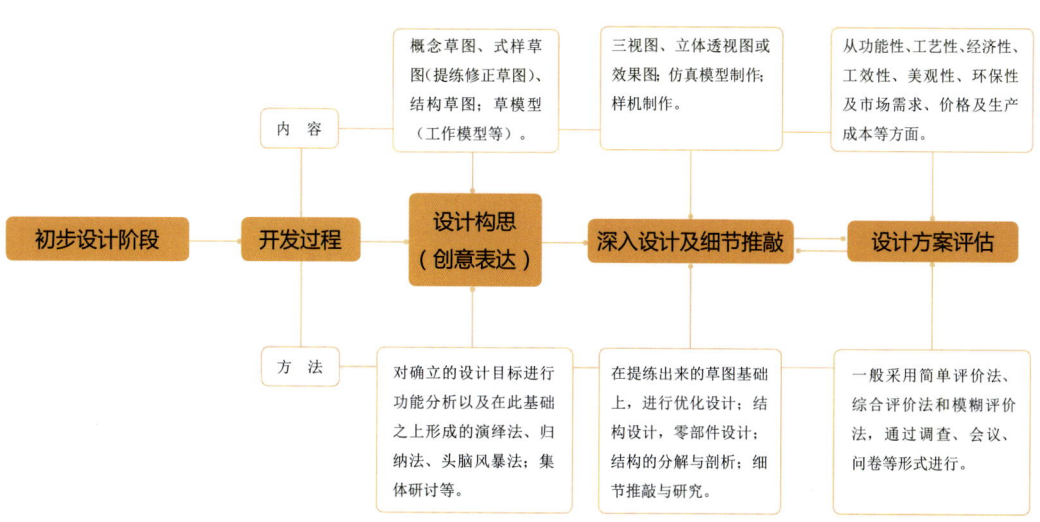

需要强调的一点是在这个阶段中其关键步骤是进行设计构思。依据工业设计设计思维的一般原则与方法，必须通过观察问题、分析问题、归纳问题到联想、创造乃至在全过程不断评价、修正和解决问题的模式来构筑。(如表 5-3 所示）

经过对深入设计方案多轮的评估、修改、再评估、再修改后进入了家具设计的第三阶段——设计定型阶段（如表 5-4 所示）。

表 5-3 设计构思阶段

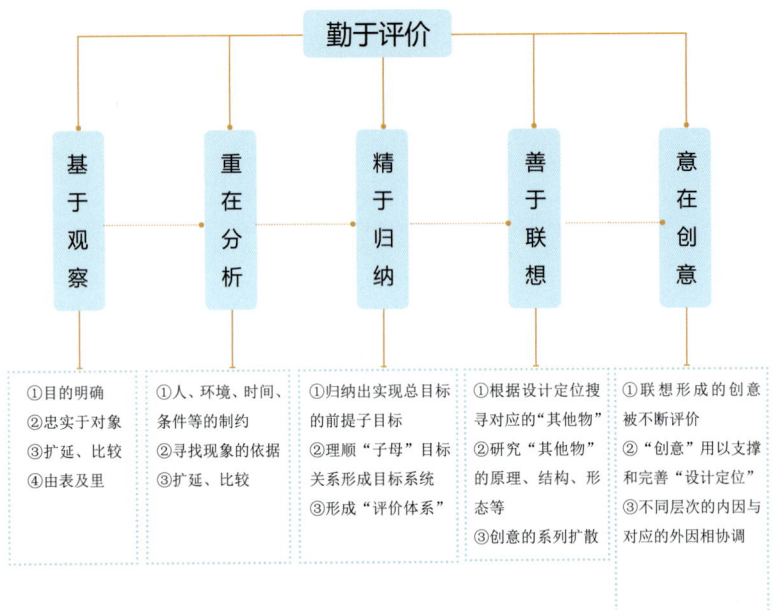

表 5-4 设计定型阶段

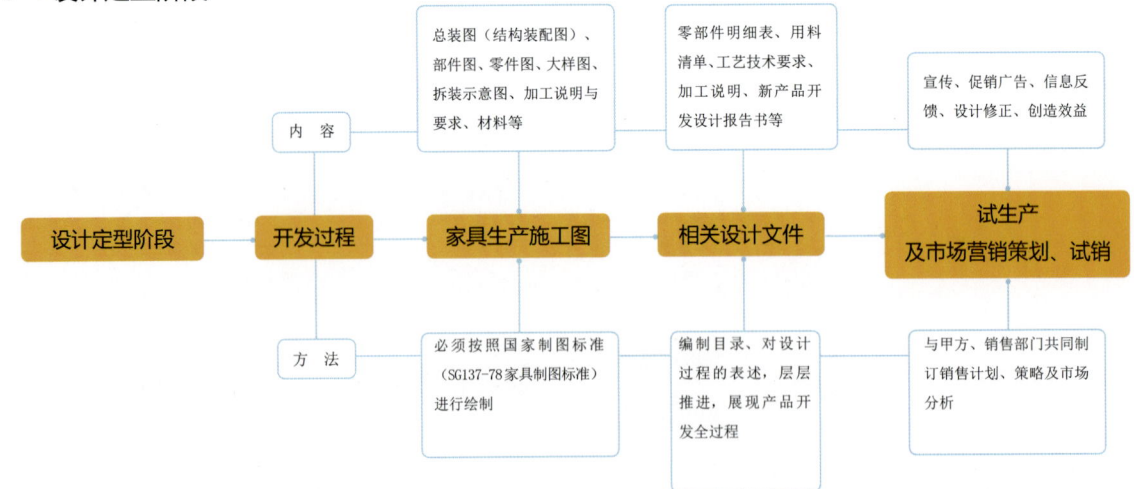

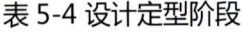

- 演绎法：
  从一般到特殊，从原理到应用。
- 归纳法：
  从特殊到一般，从事实到原则。

图 5-1

第二节
家具设计方法及要点

通过上一节我们了解了家具设计的程序及方法，下面我们将进一步通过家具产品的设计实例来巩固和加深理解如何有效地进行家具设计。

一、设计目标的确立

首先需要考虑的是设计什么样的家具？为什么人所使用？已有的产品形态和功能，用什么样的形态和功能满足人们的新需求？怎样应用新技术与新材料？怎样突破陈旧的造型模式，表现最新的创意？（如表 5-5 所示）

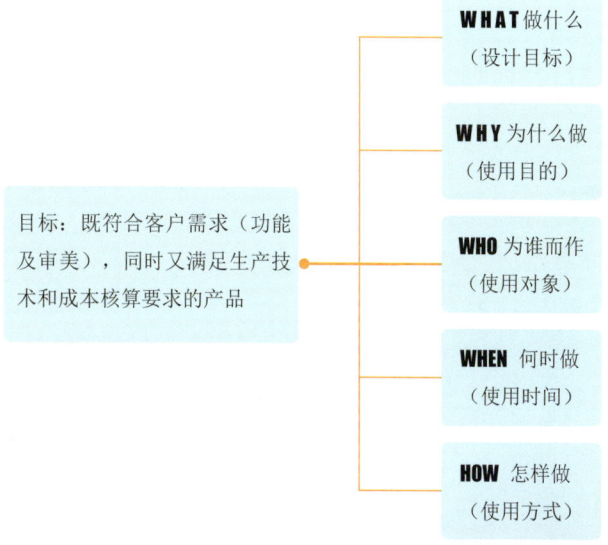

表 5-5

二、创意的形成

在获得对设计目标的定位及分析之后，根据分析结果对该目标展开设计工作。在这个阶段创意的形成是工作的关键，而创意的形成更多是基于概念设计的范畴。这个阶段更多的是需要天马行空的想象，对所设定目标的外观形态、材质肌理、色彩装饰、空间形体等造型要素，进行综合性的分析与研究，最终形成具有创新性而又结构功能合理的家具形象。具体方式一

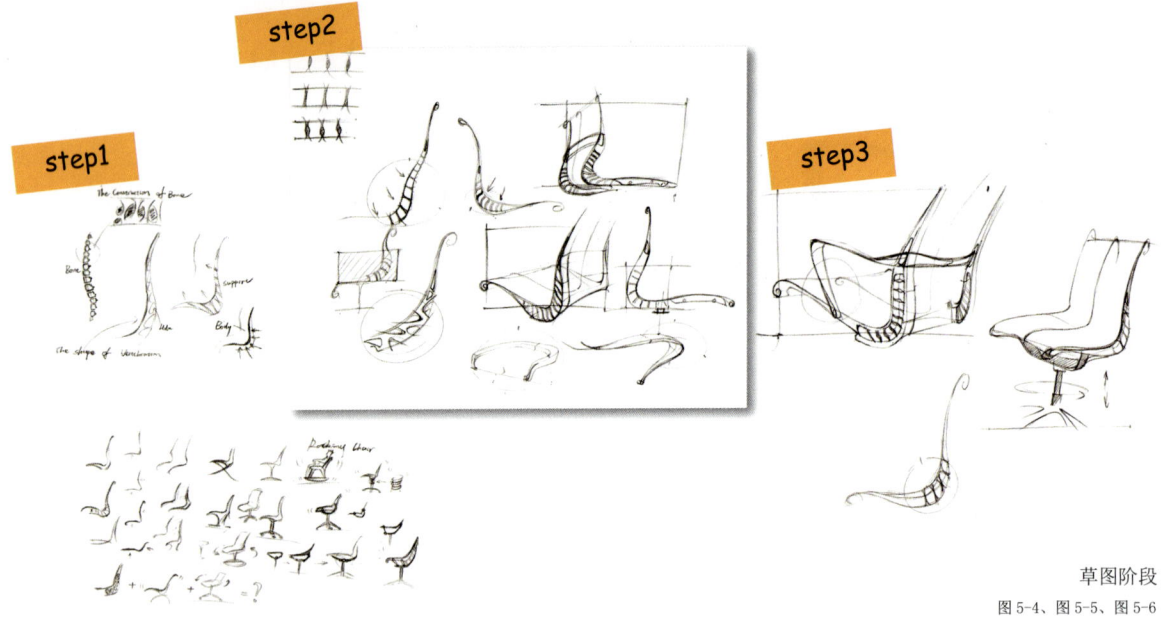

草图阶段
图 5-4、图 5-5、图 5-6

图 5-2

案例直击:

现在以德国柏林设计团队 studio7.5 所做 SETU 椅设计为例来简要说明一下其设计过程。SETU 椅如图 5-1、图 5-2、图 5-3 所示。

在其创意初始阶段的几条线记录了设计者最初的创意源泉。（如图 5-4、图 5-5、图 5-6）

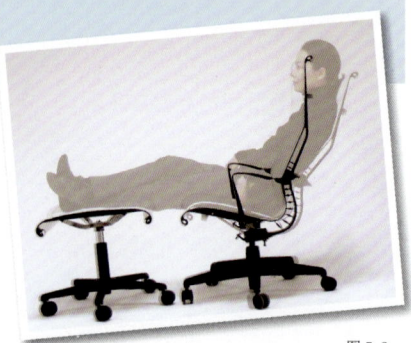

图 5-3

图 5-7　图 5-8　图 5-9　图 5-10　图 5-11

一般是采用设计草图的形式将头脑中转瞬即逝的创意火花迅速地用设计速写的形式描述在纸面上。这个工作可以是在工作室中完成，也可以是在路边的咖啡馆中完成。

一个设计群体、小组在设计开发同一个项目时，一般由几位设计师同时拿出若干个不同的设计草图创意，再把大家的草图汇聚在一起研讨，集思广益，进一步把初步设计不断深入和完善，通过反复不断地用草图对设计思路进行归纳、提炼和修改，形成初步的设计造型形象，为下一步的深化设计与细节研究打下扎实的基础。

图 5-12

图 5-13

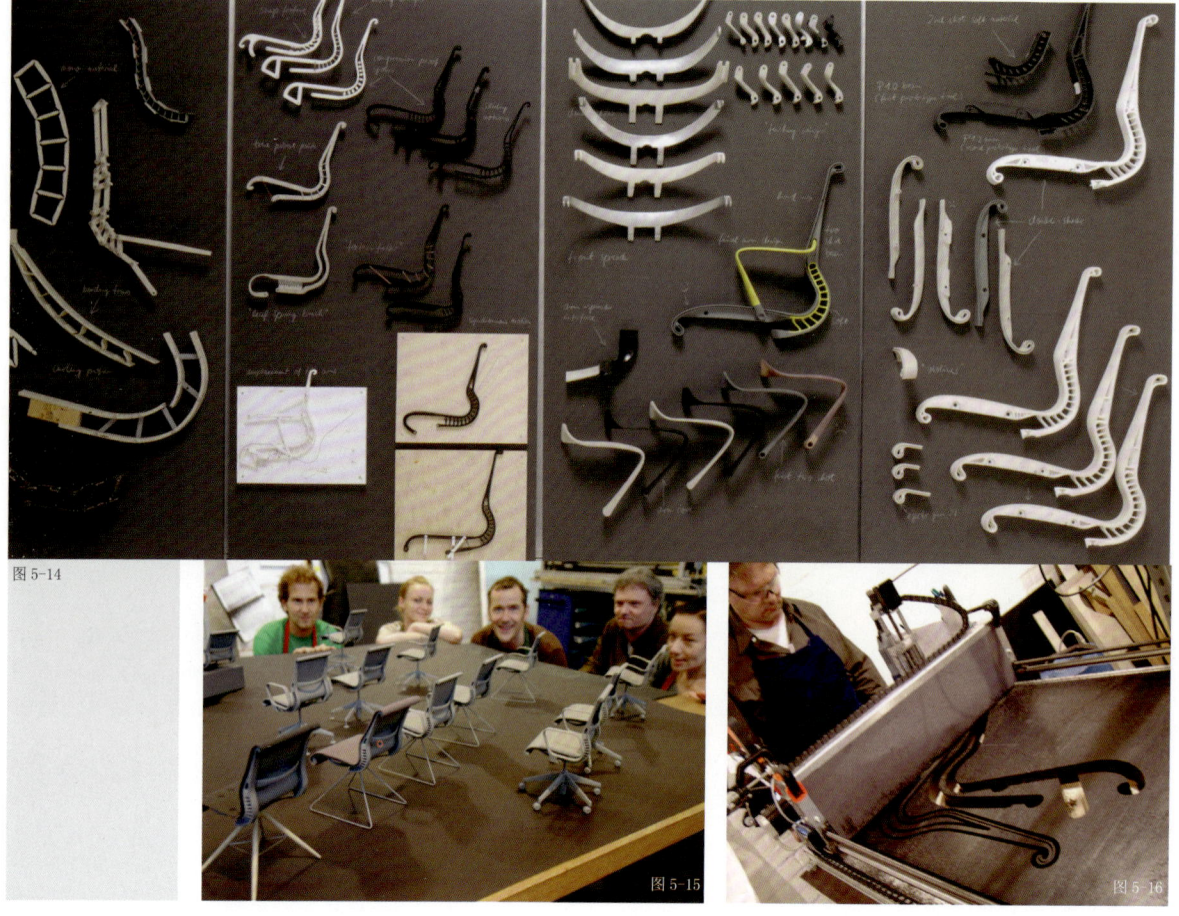

图 5-14

图 5-15　　　图 5-16

三、方案的深入

在初步设计提炼出来确定的草图基础上，对产品的形态、结构、材料、色彩等相关因素进行深入完善，并不断地用视觉化的图形语言表达出来，把家具的基本造型进一步用更完整的三视图和（效果图）立体透视图的形式绘制出来。在此基础上也可制作产品的比例模型或功能模型，用于对设计方案进行进一步的推敲与分析。（如图5-7、图5-8、图5-9、图5-10、图5-11、图5-12）

在深入设计和细节设计的步骤中，应注意以下几个问题：

（1）对人体工学的推敲分析；

（2）基于美学意义上的形态分析；

（3）家具各部分的结构及比例关系——具体尺寸的进一步确认；

（4）关键部位的节点设计；

（5）对家具所涉及制造工艺的分析比较；

（6）材质、肌理、色彩的不同组合效果分析。（如图5-13、图5-14）

四、模型（样机）的制作

家具设计同其他工业产品设计一样，也需要通过模型（样机）的制作来检验实际产品的空间体量关系、结构关系和材质肌理。模型制作是家具由设计向生产转化阶段的重要一环，最终产品的形象和品质感，尤其是家具造型中的曲线变化，材质肌理的感觉必须通过样机来进行验证。（如图5-15、图

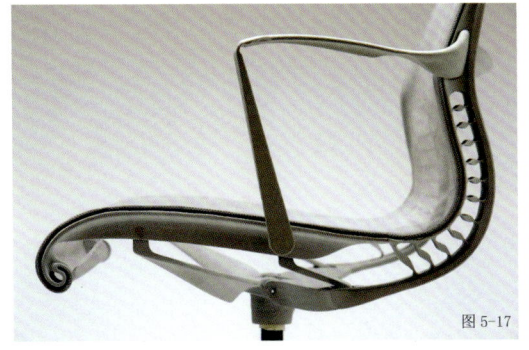

图 5-17

图 5-18

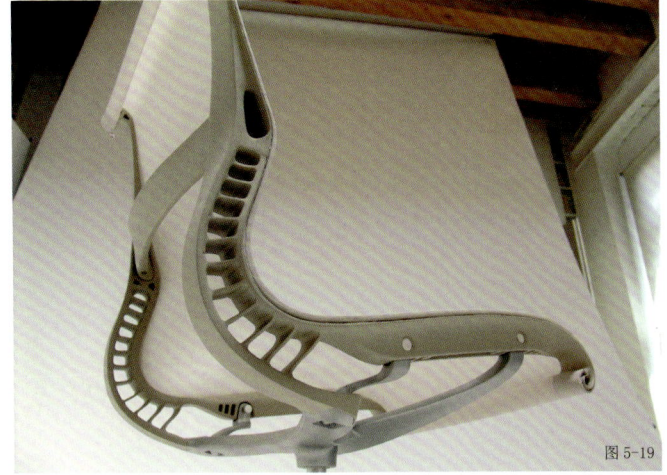

图 5-19

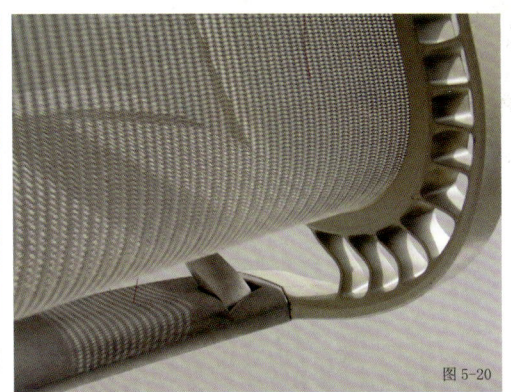

图 5-20

5-16、图 5-17、图 5-18、图 5-19、图 5-20、图 5-21）

五、施工图的绘制

在模型（样机）通过测试以后，便着手进行施工图的绘制，为大规模生产做好准备。家具制造施工图是家具新产品设计开发的最后工作程序，是新产品投入批量生产的基本工程技术文件和重要依据，主要由总装图（结构装配图）、部件图、零件图、大样图等构成。

图 5-21

第六章

把握现代家具设计发展潮流

第一节 生态设计观（ECO-DESIGN）绿色设计倾向

第二节 与高科技结合的虚拟现实设计

第三节 情感化设计的倾向

案例直击
学习聚焦
训练与拓展

第六章
把握现代家具设计发展潮流

第一节
生态设计观（ECO-DESIGN）绿色设计倾向

20世纪70年代以来，绿色设计（Green Design）充斥于设计界，它曾经一度成为时尚和设计界的宠儿，甚至成为评价优秀设计的必要标准。但也一度有工业设计师将"Green Design"当成了炒作的噱头，随意给产品披上绿色设计的外衣，从而偏离设计精神的本质。时至今日，面对当前全球的环境资源浪费和温室效应，我们作为地球的一份子越来越感觉到保护自然与绿色环境的重要性，绿色设计由时髦跟风转向一种反思性的自觉。国际上许多著名的家具设计公司和生产厂商都将绿色设计纳入到家具开发的系统体系之中。

"绿色"的原材料（GM，Green Material）又称生态原材料（Eco-materials），是指可再生、可回收，并且对环境污染小、低能耗的材料。基于室内设计对材料的要求，"绿色家具"要求选择既有良好使用性能又能与环境相协调的材料。日本学者山本提出，环境负担最小，而再循环利用率最高的原材料即为"绿色"材料。以往的材料是元素、构造、特性、成本、资源的来源和毒性等元素的函数，而对于"绿色"原材料，除上述因素外，还有环境负担和再循环性等因素。此外有的材料本身就具备净化、吸附功能及促进健康的功能。总之，"绿色"材料不是单独的某一类原材料系统，而主要是以它对环境的或贡献来命名的。

为了寻求从根本上解决家具制造业环境污染的有效方法，到了20世纪90年代，随着全球性产业结构调整和人类对客观世界认识的日益深化，在全球掀起了一股"绿色消费浪潮"。

"绿色"设计产生的客观背景主要表现在"绿色"消费的要求、可持续发展的必然和产品受国际市场竞争的需求等几个方面。

绿色家具是在绿色产品的基础上提出的，是指那些能满足使用者的特定需求，有益于使用者的健康，对人体无毒害和伤害的隐患，在生产过程中有严格的尺寸标准，按人体工程学原理设计的家具。按绿色产品的要求，除了家具本身能够符合检测标准中规定的指标外，还要求在家具的生产和使用的全过程中，家具原材料的选择要采用环保材料或其他无污染材料；在制造和使用过程中不会污染环境，产品废弃后也不会污染环境，并且实现低能耗、低消耗、部件易拆装分解和部分零部件能回收利用。

图 6-1

绿色设计着眼于人与自然的生态平衡，在体现高新技术，提供良好功能的同时，还充当着表现民族传统、人文特点、个性特色的多重角色。绿色家具应遵循以下 3R 的原则：

（1）Reduce，减少用量；

（2）Reuse，可重复使用；

（3）Recycle，可回收再生。

根据绿色产品的定义，绿色家具的定义应该为：使用木材或其他环保材料，采用绿色设计，通过先进技术，在加工制造过程和使用过程中不会污染环境和对人体产生危害，产品丢弃后也不会污染环境，实现低能耗、低消耗，且采用绿色包装的家具。在进行绿色家具设计时应遵循以下几点：

（1）可持续发展的原则。

我国家具生产发展很快，国内外专家根据世界家具的发展趋势，认为世界未来的家具中心在中国，中国将成为世界家具大国。要想持续稳定地发展家具产业，就必须考虑自然资源的可持续性，这是绿色家具设计的首要原则。在绿色家具设计的材料选择上，一方面要保护好现有的资源，合理利用有限的资源，即普材优用、小材大用、优材高附加值、废材利用等；另一方面要积极发展和增加资源，合理使用代用材，大力推广应用各种人造板材，并进行合理地改性与表面装饰，维护生态环境，满足人类的需求。

（2）可再生的原则。

绿色设计强调尽量减少无谓的材料消耗，重视再生材料使用，尽量避免"异生化"材料，即减少和避免使用塑料、人造革等高分子聚合物，强调各种"再生型"材料的使用，开发各种"再生型"材料和探讨材料的"再生性"，做到一物多用，从而避免各种材料的资源性破坏。

（3）标准化、可拆卸的原则。

家具零部件的标准化设计能够提高家具劳动生产率，大量节约各种资源，而且能促进家具产业与其他相关产业的分工与协作，使家具生产流程更加专业化。家具的可拆卸性能不仅可以增加废旧家具回收利用率，有利于生态环境的保护，并且在生产、运输、安装等方面有许多适应现代化大工业生产的优点。

案例直击

1. 弗兰克·盖里的纸家具

设计因素及实例分析——"Easy Edges Group"系列纸家具

在纸质家具方面做出重要贡献的要算20世纪后期最有名的建筑师——弗兰克·盖里（Frank O.Gehry）。他从做模型的材料——瓦楞纸板中得到了创作灵感，结合纸的特性把尚不敢用在建筑上的自由曲线用在家具上，虽然还只是两向度板状的弯曲，第三向度仍旧拘谨地保持平直，容易边缘组合（Easy Edges Group），但这是盖里以丰富的想象力，利用简单的技术和廉价的材料做成的。盖里把这种便宜的瓦楞纸板一层一层胶合起来成大块，然后用锯刀切成各种实体形状——桌子、椅子、档案柜、门、地板等，又便宜又坚固。这种材料允许他在一天之内就可设计和完工，还可测试、修正，第二天就可以完成另一件成品。此系列家具总共17件，题名为"Easy Edges Group"家具，并试图推向大众市场。

这种纸板家具上市后销售成功，当时的售价是15美元到115美元之间，这些家具一直是收藏家的选择对象。"Easy Edges Group"最初由杰克·布朗肯（Jack Brogarn）公司制造，1982年恰里公司（Chiru）曾短暂地复制过一批。这批家具放在纽约的大型百货公司如"布莱明第尔"（Bloomingdales）进行零售，立即获得了成功，盖里也为此申请了专利，仅用了三个月，就收回了生产线的全部投资。（如图6-1、图6-2）

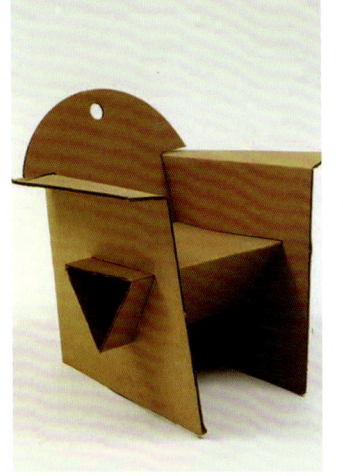

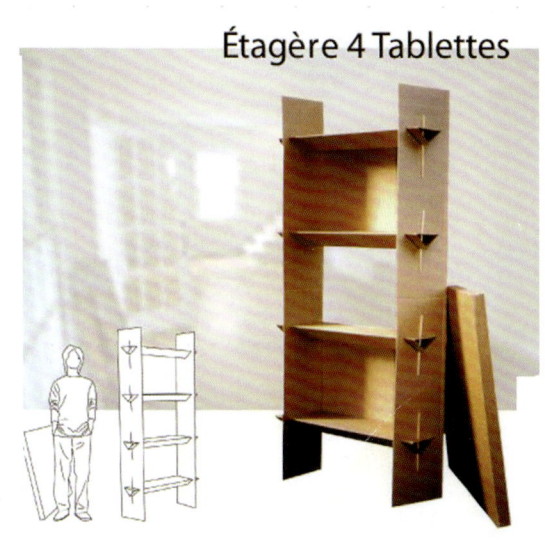

图6-2

2. 板茂的纸建筑

图 6-3 是由日本设计师板茂为中国汶川地震灾区设计的纸管临时过渡房与过渡学校,这个建筑的材料是价格便宜、可回收、可再用且易于购买的纸管,由 120 名日本学生和中国志愿者利用暑假时间联合搭建完成。在多方共同努力下,三座建筑(包括九间教室)在 40 天内建成,这也是中国第一座纸管建筑,也是在地震发生后在灾区建成的第一所学校。

图 6-3

3. 西南交通大学 2000 级工业设计系纸家具设计(如图 6-4)

图 6-4

4. 来自台湾设计师邱启审的实验性家具
——Flexible Love（可伸缩的情人椅）

Flexible Love是一种采用手风琴状的蜂巢结构，采用各种可回收的材料制成的耐用家具。为了减少产品对环境的影响，Flexible Love 16完全采用工

业用回收纸及碎木屑压成的木板为材料，并使用现有的成熟制程来加工，同时拒绝使用对环境有害的添加物。Flexible Love 名字来自于"flexible love-seat"，也就是"可伸缩的情人椅"。这张椅子上面可坐一个人、两个人、三个人，甚至可以多达16人，你只需通过拉伸改变它的造型即可。（如图6-5）

图6-5

5. "Origami Chair"，Takahashi 设计

椅子由纸板拼接而成，从视觉上给人一种不堪一击的感觉，似乎很容易会被压垮，但是设计师正是通过材料上的突破，给予纸板足够的支撑性，给人一种不可思议的乘坐感受。（如图6-6）

图6-6

左图6-7、右图6-8

6. 抽屉柜设计，Tejo Remy 设计，1991

　　由一些废旧家具的抽屉捆绑而成，体现出一种拼凑感，重要的是强化回收利用的理念。（如图6-7、图6-8）

图6-9　　　　　　　　图6-10

7."Rag Chair"，碎布椅，Tejo Remy 设计，1991

　　这是一款典型的废物利用的设计，靠背椅由绳子将废弃的布料及衣服捆绑而成。（如图6-9、6-10、6-11）

图6-11

第六章 把握现代家具设计发展潮流

8. 置物架设计，Laszlo Rozsnoki（德国）设计

此设计是在金属框架的基础上由绳索紧固便扎而成，虽然不适于放置过小的物品，但是对于书和 CD 而言是再好不过的了——当然使用者也许常常会担心绳索因受力下沉或断裂。（如图 6-12）

图 6-12

9. 花园长凳（Garden BenchJurgen Bey，1999）

用稻草作为原料，混合一些黏接剂在模具中压制而成，完美地与自然融为一体，体现了绿色设计的理念。这种材料并不是真正的木材，你不能去商店或木材店购买，因为它具有不污染环境的品质。荷兰德鲁格设计集团在材质的创新方面拓展出一片新的领域，并且他们将这一做法运用到 Oranienbaum 项目中。

这种公园长凳将一种现代的生产方法与一种物质联系在一起，这种物质是：从自然界中第一棵树上落下的第一片叶子开始所产生的物质。有机的物质与树脂混合在一起，产生了一种可以压缩与压制的材质。几乎任何有机的东西都可以拿来用——夏天的干草、秋天的叶子，产品可以制作与切割成特殊的长度。这是丰富的有机材质与旧技术新应用的一种完美结合。（如图 6-13、图 6-14）

图 6-13

图 6-14

图 6-15

10. 吸管椅，Drinking Straws Clutch Chair，Scott Jarvie 设计

这个椅子由 10 000 根吸管黏接而成，作者意在提示大家对于废弃掉的物品是否有新的"用武之地"，这个作品被扎哈·哈迪德选中参加 2008 年的 Noise Festeval 展览。（如图 6-15）

虚拟现实技术的原理图：

图 6-16

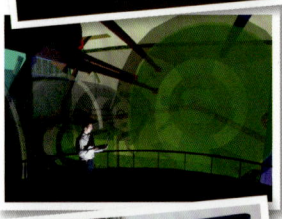

图 6-17

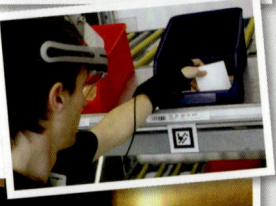

图 6-18

图 6-19

图 6-20

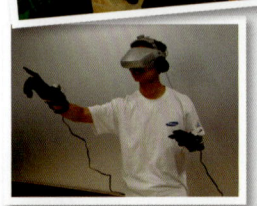

图 6-21

第二节
与高科技结合的虚拟现实设计

虚拟现实设计可以称之为数字化工业设计，它已经成为数码设计时代的必然产物。这里所说的虚拟现实技术其实是一种四维的展示方式，超越了传统意义上简单的计算机模拟，融入了人的参与性，人可以使用多媒体设备进行家具的虚拟装配，便于立体化地评审设计，发现问题并予以解决。

这种设计方式可帮助产品摆脱对于试制物理样机并装配物理样机的过度依赖，可以有效地提高产品设计建模的质量与速度，有助于降低产品开发成本，缩短产品开发周期。

家具设计中的虚拟现实设计应用可分为以下几点：

（1）设计思路检验；
（2）装配拆卸任务；
（3）人机工程分析；
（4）工作环境仿真；
（5）操作模拟训练。

（如图 6-16、图 6-17、图 6-18、图 6-19、图 6-20、图 6-21、图 6-22）

图 6-22

第三节
情感化设计的倾向

由于存在很大的个体、文化和身体差异,单个产品无法使世界上每个人都满意。究其原因,是由于情感的多样性和不确定性,也正是因为这个,才需要丰富多彩的设计。研究人的心理,找到他们所需要的,是工业设计创造的重要方法。

20 世纪 80 年代的孟菲斯设计集团和后现代的设计师们强调形象、生理、心理相互联系和统一,视觉形象的创造应当以形象与人的生理和心理的吻合为前提。这里涉及设计心理的问题,而情感是人们心理活动的重要内容,一个设计是否能够引起人们的注意和使人们产生使用的快感,其中情感因素是至关重要的。

人对物体的认识是由大脑的不同水平引起的,自动的预先设置层,称"本能水平";包含支配日常行为"脑活动"的部分,称"行为水平";"脑思考"的部分,称"反思水平"。每一个水平都在人类的整体机能中发挥不同的作用。根据这个特点,美国心理学家诺曼在《情感化设计》中,将设计明确划分为三个层次,即本能层、行为层和反思层。三种层次对应产品设计的不同特点。本能层对应的是产品的外观;行为层对应的是产品的使用乐趣和效率;反思层对应的是自我形象、个人满意和记忆。针对不同的设计层次,设计的侧重点不一样,需要不同的设计风格,以下简述之。

一、本能水平的设计

审美形式是"物"的重要因素,这点在前文已经论述。当一个产品的审美形式被认为是优秀时,即感觉某物"漂亮"时,这一判断就直接来自人的本能水平。而在设计界中,"漂亮"可能会意味着过时的、缺乏深度和内容的,甚至是不好的。因为设计师会认为如果设计"漂亮的""可爱的"或者"有趣的"物品,那么自己是没有想象力、创造力和理解力的。然而,这种简单的"漂亮"产品在我们生活中是有位置,有市场的。

二、行为水平的设计

行为水平的设计讲究物品的效用和性能。优秀行为水平的设计包含以下四个方面:功能、易懂性、可用性和物理感觉。

"行为水平的设计应该倡导'以人为中心',把重点放在理解和满足真实使用产品的人的需要上。"发现这些需要的最好方法是在自然环境中观察人们对产品的使用,从理解用户的需要开始,通过在家庭、学校、工作地点或者产品将被使用的任何地方进行有关的行为研究而理想地得到用户需要。然后,设计团体快捷迅速地拿出原型,在未来的用户中测试。在后续设计过程中,加入来自测试中的信息,然后将原型变得更加完善。到产品完成时,已经彻底地通过用户使用的检验。这一反复的设计过程是有效的,以使用者为中心是设计的核心。

图 6-23 索特萨斯和他的书架设计

三、反思水平的设计

反思水平的设计注重的是信息、文化以及产品或者产品效用的意义。一般来说,"反思水平的设计与物品的意义与某物引起的个人回忆有关"。个体差异性使得同一个产品对不同的人产生不同的意义,它与自我形象和产品传递给其他人的信息有关。

在《物品的意义》(The Meaning of Things)这本设计者必读的书中,Mihaly Csikszentmihalyi 和 Eugene Rachberg-Halton 研究了什么使物品特别。这两个作者走入家庭采访居民,设法理解他们及与他们有关的物品和物质财产之间的关系。他们特地要求每个人展示对他或她"特别的"物品,然后在详尽的采访中探讨什么因素使这些物品特别。结果特别的物品是那些具有特别回忆或者联想的物品,那些帮助拥有者唤起特别感情的物品。特别的东西都能唤起往事,很少集中于东西本身,重要的是故事,一个记忆中的特殊时刻。由此,一位妇女在接受 Csikszentmihalyi 和 Rachberg-Halton 采访时指着她客厅里的椅子说:"它们是我和丈夫最初买的两把椅子,我们坐在上面,我就会由它们联想起我的家庭、孩子,与孩子坐在椅子上的情境。"

以上是对"人"使用物品的反思水平的认识。在具体的设计中,还是抓住研究"人"的需求这一本质要素,当然,反思水平主要是研究心理和象征意义方面的,是透过"人"的需求创造符合他们价值观念的产品。

感性设计愈来愈受到重视,与后工业社会人类文明多元化共存的趋势是一致的,同时也符合社会进步对人的个性充分发展提出的要求。设计由理性的、共性的转向感性的、个性的。设计思想上的新动向推动了产品形态设计的新发展,"宜人性"被设计师与使用者越来越多地提出。人性因素被越来越多地注入到设计之中,人的心理因素在产品形态设计中自然被提到了不曾有过的高度。

第六章 把握现代家具设计发展潮流

① 沙发衣服 Sofa-Dress，Maezm 设计

年轻的韩国设计师通过此家具设计传达一种新的设计理念，同人改变衣着变换形象一样，椅子也可以改变"服装"成为沙发。

图 6-24

情感化的家具设计可以分为以下几个方面：

（1）过程感的表达、自由性，强调设计师与艺术家的主体性，由一种性质或状态向另一种性质或状态过渡。

② 日本设计师 Tokujin Yoshioka
（如图 6-25、图 6-26、图 6-27）

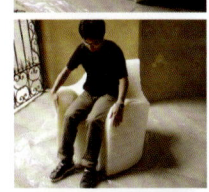

Nendo "Cabbage Chair"

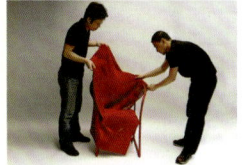

图 6-25　　　　　图 6-26　　　　　图 6-27

图 6-28

（2）超现实感。

① Dali 设计，整体由抛光的黄铜制成，历时 8~10 个星期在西班牙制造完成，由 obert Descharnes, Oscar Tusquets 和 Joaquin Camps 组成的团队制造。（如图 6-29、图 6-30）

图 6-29

图 6-30

(2) 胸部与抽屉

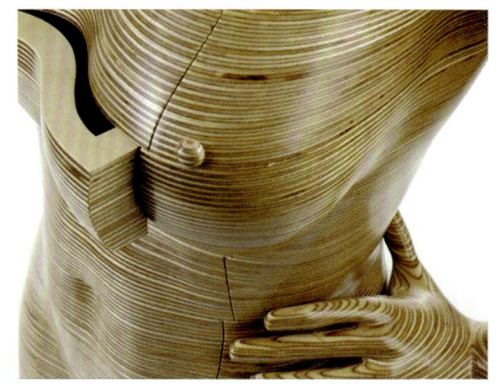

图 6-31

②抽屉与胸部，Peter Rolfe Gen II 设计。

我们在生活中普通的抽屉在设计师 Peter Rolfe Gen II 的眼中发生了变化，设计师将这个极具雕塑感的女性人体的胸部与抽屉完美地结合在一起，用于盛放珠宝首饰与小的随身物品。我想他的灵感也许是来自达利的画作。（如图 6-31）

③"新的透视"，英国家具设计师 James Tooze。

这个桌子的外形设计与普通的四脚桌没什么两样，但是当你从右边四分之三侧面俯视它时，它却呈现出一种类似于被 X 光线穿透后的轴测图的透视效果。设计师也正是想通过此家具设计传达一种新的视觉理念，并且向我们清晰地展示了家具的结构构造。（如图 6-32）

④"Light Up"，由荷兰设计师 Ontwerpers 设计。

其设计灵感来自于一种头上有灯光的海洋鱼类，它们借助头上的灯来捕食猎物，人的相对尺度被缩小了，形成戏剧性。该设计的外部材料为纤维材料，内部有金属作结构支撑。（如图 6-33）

图 6-32　　　图 6-33

图 6-34   图 6-35

⑤ 靠背椅，Jurgen Bey 设计，2004。

这个靠背椅将椅子的靠背部分放大，并且在头部高度处设有类似于屏风式的遮挡部分，像是伸开的手臂将人包裹于其中，增强了对话的私密性的同时给人以安全感。（如图 6-34、图 6-35、图 6-36）

图 6-36

⑥ le diner de gulliver 设计。

桌子的尺度为 400 cm×200 cm×150 cm，将人戏剧性地缩小了。（如图 6-37、图 6-38）

图 6-37   图 6-38

第六章 把握现代家具设计发展潮流

图6-36（1）

（3）纯艺术的审美表达，将沙发当成是艺术表达的载体，用纯手工艺的形式制成，具有工艺品的特性与收藏价值。

• Sculptural fabrics, Helen Amy Murray 设计
Helen Amy Murray 是一位极具天赋的设计师，它的设计灵感来源于自然，以手工的形式将价格不菲的皮革和织物组合在一起，他完美地将设计、色彩和材质糅合在一起，形成了这一系列美不胜收的家具。（如图6-39）

图6-36（2）

（4）雕塑感，强调家具个体的力度与膨胀感、艺术性，传达家具的个体视觉表达，强化其与人和空间的关系，而非仅具有家具的使用功能与舒适感。

图6-40

图6-41

① "Cloud Chair"，Richard Hutton。

由 Richard Hutton 设计的"云椅"使用许多铝制的小球组合而成，形成云的形状。传统的家具饰面的标准是织物和皮革，而 Richard Hutton 用铝板冲压焊接制成的新饰面家具向传统提出了质疑和挑战。（如图6-40）

图6-42

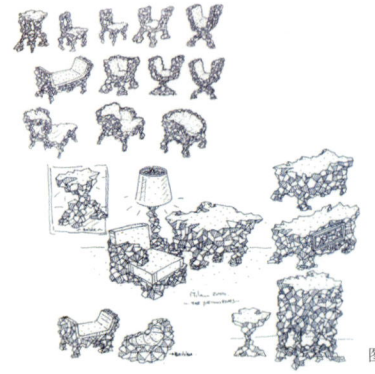

图6-41草图

② Sue-an van der zijpp 修安·凡登·杰普设计（如图6-41、图6-42、图6-43）。

"犹如一个出色的说书人刚刚打开话匣子。Job 工作室的约伯·斯密茨和奈可·泰纳格（Nynke Tynagel）每个季节都会给自己神秘的故事增加一个崭新的篇章。他们的故事富有悬念和娱乐性，一听起来就会把人深深迷住。Job 工作室的设计极富感染力，诙谐幽默，他们的作品在国际设计界引起不小的轰动。他们艺术化的作品颠覆了功能、批量化生产和传统的设计风格，取而代之的是设计中对整体、细节和各种装饰元素的尝试和玩味。Job 工作室的设计作品以其精炼的视觉语言闻名于世。他们的作品中常见的设计元素有时候看起来仅仅是视觉艺术的专属，然而，他们大胆的应用打破了艺术的藩篱。在设计与艺术之间找到了最佳平衡点。"

图6-43

③ 扎哈·哈迪德家具设计。

家具由聚乙烯材质翻制而成,有机的曲线造型在空间中充满张力。(如图6-44)

图6-44

④ "钉子长凳"The Proverbial Bed of Nails。

这个作品可以说是家具与艺术的完美结合,我们看到的家具表面的曲面波动是由上万个银色的钉子弯曲变幻而成,而曲面变化的关键在于潜藏在钉子下方的深色的木头体块,钉子的银色与木头的深色形成对比,仿佛银色的线条悬浮于空气之中。(如图6-45)

图6-45

图 6-46

图 6-47

Marc Newson

⑤ Lockheed Lounge Chair, Marc Newson 设计, 1985。

来自澳洲的设计师 Marc Newson, 是一位全方位设计师, 从产品、室内设计、交通工具设计等皆有佳作（如图 6-46、图 6-47）。现任设计明星菲利浦·史塔克 (starck) 曾点名他为新时代的设计之星。史塔克喜欢"制造怪物"。Newson 则喜欢设计"产品生物", 尼尔森的作品总让人觉得像新类型的生态系生物。他的一些家具设计, 若放在家中, 会让人觉得像一种"产品宠物"。时代杂志那篇专访的标题写着, "为世界制造曲线的人……", 他将从前的模型加以改造（"LC1"中的一种), 设计的这种椅子（"LC2"）的材料由塑料（玻璃纤维）和一种金属（铝）组成。"LC2"由于使用了玻璃纤维做外壳, 重量很轻仅有 20 kg, 只有三条腿, 一点也谈不上舒适。全世界只有 10 把这样的椅子, 且价格十分昂贵。婀娜多姿的曲线仿佛金属在流淌, 像一个巨大的水银气泡, 像是飞机的机身, 给人以深刻的印象, 显示出极强的科技感与未来主义气息。(如图 6-48、图 6-49、图 6-50)

图 6-48 图 6-49

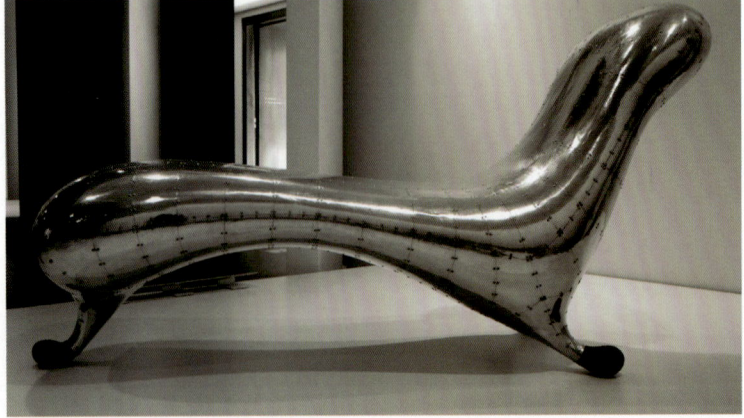

图 6-50

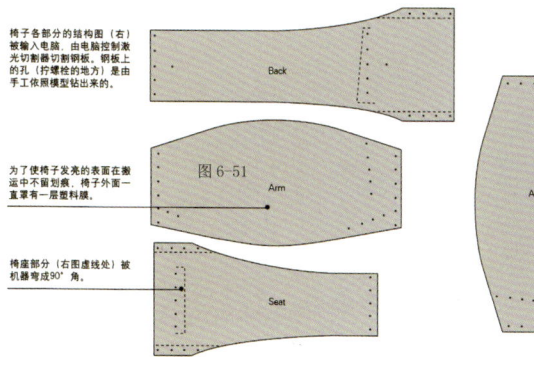
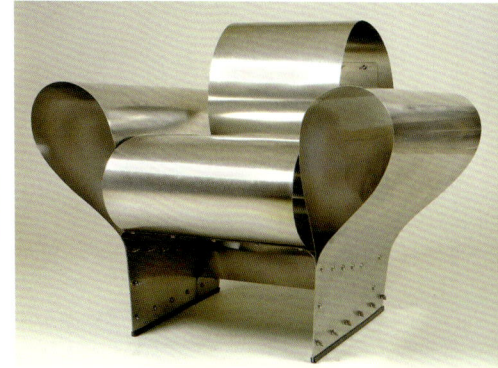

图 6-53　　　　　　　　　　　　　　　图 6-52

⑥ "柔韧度良好"的扶手椅（水压机压板成型），设计师是荣·阿瑞德（Ron Arad，以色列人，生于 1951 年）。

我们知道荣·阿瑞德的椅子是采用金属敲击材料制成的，而此把椅子的材料是一种韧性好的钢材——回火钢。在他的作品中，这把椅子是一件手工操作较少，且有着令人愉快的弹性的、更为理性的作品。椅子由四部分组成，造型非常简单、明快。（如图 6-51、图 6-52、图 6-53）

⑦ Morphogenesis Lounge Chair，timothy-schreiber 设计。

此躺椅设计的看点在于其支撑结构，有机且充满结构感。（如图 6-54、图 6-55）

图 6-54　　　　　　　　　　　　　　　图 6-55

⑧ ONE CHAIR concrete base,Konstantin Grcic 设计,2004。

这个设计椅面是由铝板冲压而成,红色的油漆跳跃而醒目,显示出多边形的力量,户外使用且防火。在这一系列产品中有混凝土作为其底座的,可以和椅面分开包装运输,且便于安装。(如图6-56、图6-57、图6-58、图6-59、图6-60)

图6-56

图6-57

图6-58

图6-59

图6-60

（5）解构的思考，传达东西方的文化差异。

① 艾未未的传统

艾未未的家具设计始终充满了对于传统中式家具的解构色彩，将传统明清家具打散重组，改变原有结构，在呈现出新的视觉结构的同时也给予观者对于传统的重新理解与思考。在艾未未的作品中我们看到了不同的角度、方式、词汇和结构，使我们感到陌生、犹豫和迟疑的同时又被吸引。（如图6-61、图6-62、图6-63、图6-64）

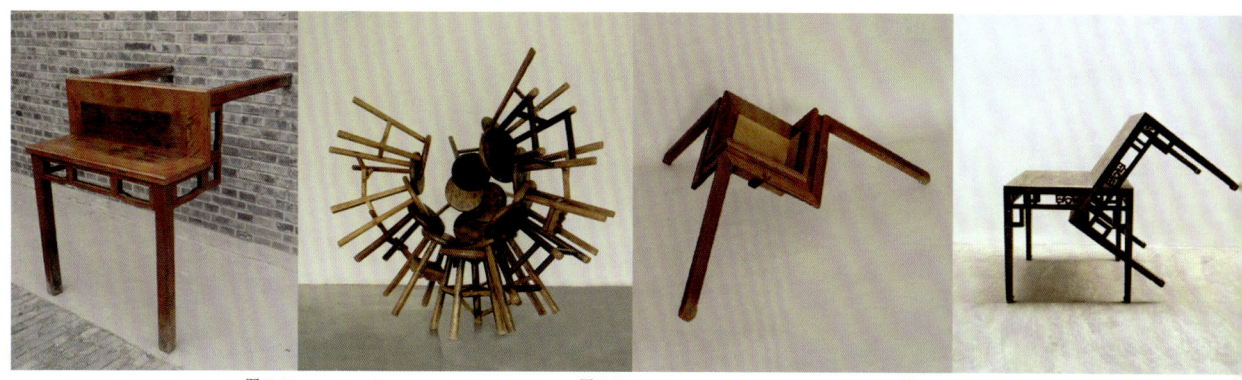

图6-61　　　　　　图6-62　　　　　　图6-63　　　　　　图6-64

图6-65

图6-66

② Red Blue Lego Chair，Minale Maeda studio 设计。

著名的设计师里特维特设计的红蓝椅是现代主义设计风格的代表作，这个作品的作者对其进行了解构，以乐高玩具的形式对红蓝椅进行了再造，形式未变，但构架的材料已改，表现出设计师的娱乐精神。（如图6-65、图6-66）

③ Bunker Chair，由 John Truex 设计。

用新的构造元素——麻袋，来对传统沙发样式进行重新组建，形似但质已不同。（如图 6-67）

图 6-67

④ Burst Chair，Oliver Tibury 设计。

此家具对于传统四腿的座椅支撑方式提出了挑战，将椅腿增至 20 多条，并且呈辐射状散开，形成"爆炸"的效果。（如图 6-68）

图 6-68

（6）强调纪念性与回忆功能（俄罗斯方块）。

Tetris Shelves, Brave Space design 设计。

这个设计出自于美国纽约的Brave Space design设计事务所，设计的理念是基于设计师童年的电子游戏——俄罗斯方块。这个置物架可以按照使用者的需求自行组合排列，可调式的家具很少能够设计得如此好看并充满回忆。（如图6-69）

图 6-69

（7）自然主义的设计体验与通感。

① 自然与山。

由意大利著名的建筑师、艺术家、设计师Gaetano Pesce设计。通过此沙发设计，我们似乎感受到了冰山消融的美丽瞬间。在设计中Gaetano Pesce将坐面设计为"海面"，"冰山"当做靠背，充满戏剧性。（如图6-70）

图 6-70

图6-71 ——图片来源designboom网

② 地图与椅子。

由 Riccardo blumer 设计。地图和椅子的巧妙结合，使每一把椅子都充满了生命力且富有很强的趣味性。（如图6-72、图6-73、图6-74）

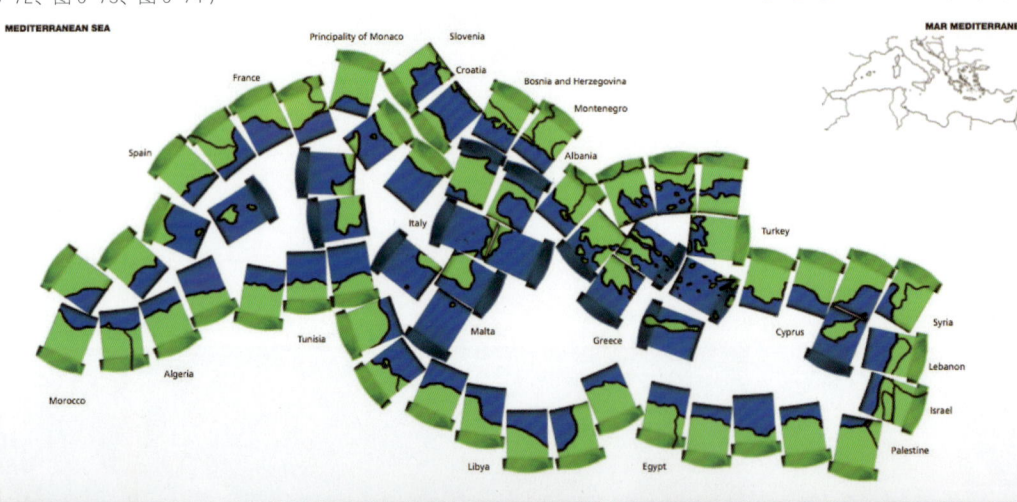

图6-72

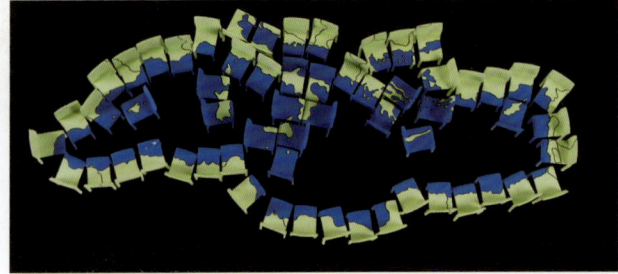

图6-73

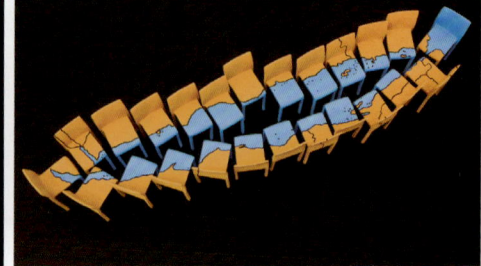

图6-74

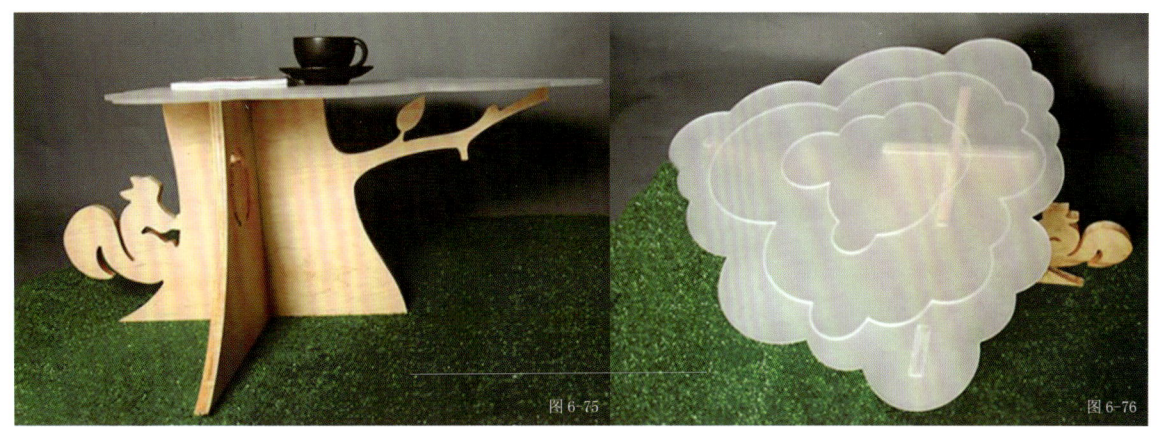

| 图 6-75 | 图 6-76 |

——图片来源 designboom 网

③ 由著名设计师 lovegroove 设计。
（如图 6-75、图 6-76、图 6-77、图 6-78、图 6-79、图 6-80）

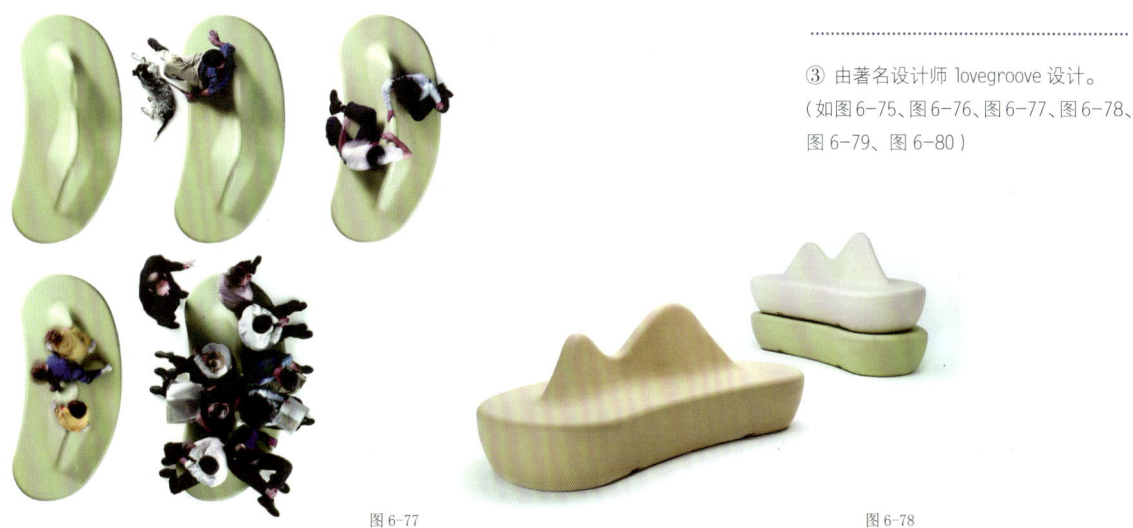

图 6-77　　　　　　　　　　　图 6-78

图 6-79　　　　　　　　　　　图 6-80

——图片来源 designboom 网

（8）另类家具。

① Campana Brothers 设计（巴西）。

将单一元素不断重复，创造出一种另类的美感。（如图 6-81、图 6-82、图 6-83、图 6-84、图 6-85、图 6-86、图 6-87）

图 6-83

图 6-81

图 6-82

图 6-84

图 6-85

图 6-86

图 6-87

第六章 把握现代家具设计发展潮流

Tokujin Yoshioka 设计

图 6-88

图 6-89

图 6-90

② "秋天的王位"由金属和橡胶制成，Rachel Miller 设计。（如图 6-88、图 6-89、图 6-90、图 6-91）

图 6-91

（9）趣味性与功能性的表达。

图 6-92

图 6-93

① Table and Ball (Arm) Chair, Ellen Ectors 设计。

这个设计是一个桌子与椅子合二为一的设计，不但有趣而且节省空间。（如图 6-92、图 6-93）

② 趣味坐具，Aviad Gil 设计。

设计中充满了家具与人的互动，强调人的参与性，增加其使用过程的乐趣。（如图 6-94、图 6-95、图 6-96）

图 6-94

③ Twin chair, Phillip Nigro 设计。

该椅子名为"双胞胎"，既可以合二为一又能够自成一体，增加使用的趣味性。（如图 6-97）

图 6-95

图 6-97

图 6-96

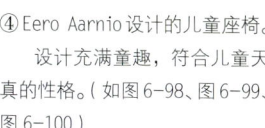

④Eero Aarnio 设计的儿童座椅。设计充满童趣，符合儿童天真的性格。(如图6-98、图6-99、图6-100)

图6-98

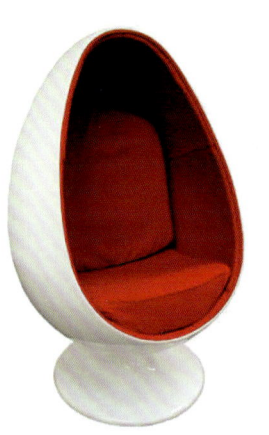

图6-99

图6-100

附件

↘ 世界优秀家具作品赏析

↘ 世界知名家具公司介绍

↘ 家具设计师国家职业标准

一． 世界优秀家具作品赏析

- 美国著名设计师 Ron Arad
- 图 001-Box in four movement(1994)
- 图 002-Voido Glossy Black Rocking chair
- 图 003-Big Easy

图 001

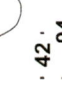

BIG EASY

42 94 46 88 58 133

图 002

图 003

- GO CHAIR/Ross Lovegroove 设计
（如图 004、图 005、图 006）

设计师：Ross Lovegroove

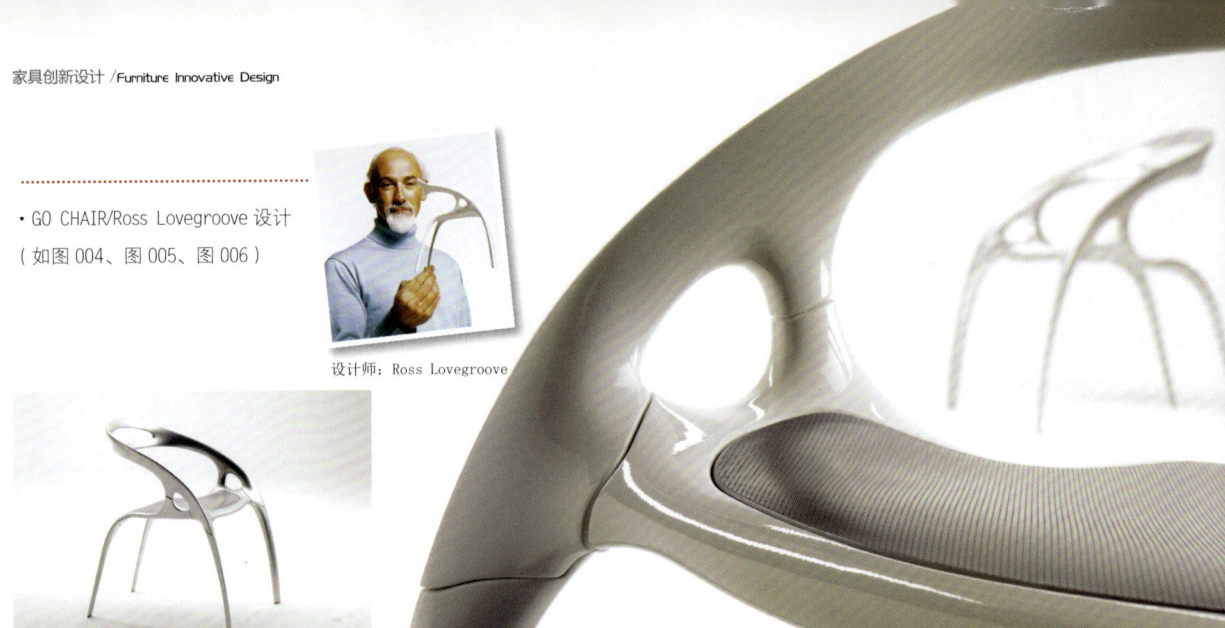

图 004

图 005

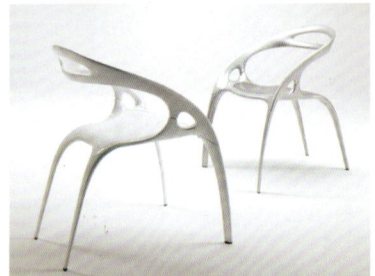

图 006

- Karuselli Chair/约里奥·库卡波罗设计
（如图 007、图 008、图 009、图 010）

图 007

图 008

图 009

图 010

基本知识
常用家具木工机械
（1）带锯机的使用。
（2）圆锯机的使用。
（3）平刨床的使用。
（4）压刨床的使用。
（5）砂光机的使用。
（6）铣床的使用。
（7）开榫机的使用。
2. 计算机辅助设计
AutoCAD 软件的应用。
3. 家具设计概念
（1）家具设计的概念。
（2）家具设计与社会生活及人类的关系。
（3）家具设计的美学原则。
（4）家具的发展简史及发展趋势。
4. 相关法律、法规知识
（1）《中华人民共和国劳动法》相关知识。
（2）《中华人民共和国合同法》相关知识。

• 工作要求

本标准对四级家具设计师、三级家具设计、二级家具设计师的能力要求依次递进，高级别涵盖低级别的要求。

（——摘自《家具设计师国家职业标准》）

三. 家具设计师国家职业标准

1. 四级家具设计师

职业功能	工作内容	能力要求	相关知识
一、设计制图	（一）识图	1. 能识读家具三视图 2. 能识读家具结构图	1. 家具基本视图的画法 2. 家具制图的标准 3. 家具制图的图线使用 4. 家具制图的剖视图、剖面图画法 5. 家具常用材料的剖面符号
	（二）绘图	1. 能绘制家具三视图 2. 能绘制家具结构图	

2. 三级家具设计师

职业功能	工作内容	能力要求	相关知识
一、设计表达	（一）绘制轴测图	1. 能绘制单件家具轴测图 2. 能绘制成组家具轴测图	1. 家具制图榫接合的表达方法 2. 家具制图连接件的表达方法 3. 家具轴测图的表达方法
	（二）绘制透视图	1. 能绘制家具平行透视 2. 能绘制家具成交透视图	1. 家具平行透视图的表达方法 2. 家具成角透视图的表达方法
	（一）绘制施工图	1. 能绘制家具零件图 2. 能绘制家具部件图 3. 能绘制家具装配图 4. 能绘制家具大样图	1. 家具大样图的表达方法 2. 家具零件图的表达方法 3. 家具部件图的表达方法 4. 家具装配图的表达方法

3. 二级家具设计师

职业功能	工作内容	能力要求	相关知识
二、计算机辅助设计	（二）场景渲染	1. 能运用3ds MAX软件对家具效果图进行灯光布局 2. 能运用3ds MAX软件对家具效果图进行灯光渲染	1. 3ds MAX软件排布灯光的方法 2. 3ds MAX软件灯光的大气效果图渲染方法 3. 3ds MAX软件创建摄影机的方法
三、计算机辅助设计	（一）材料选择	1. 能根据家具使用要求选择主要材料 2. 能根据家具使用要求选择辅助材料	1. 家具主要材料的性能特点 2. 家具辅助材料的性能特点 3. 家具表面涂饰材料的环保知识
	（二）绘制透视图	1. 能根据家具的使用要求设计合理的家具结构 2. 能应用各种家具连接件组装家具 3. 能根据家具造型设计需要设计新的家具连接件	1. 家具结构知识（木家具结构、金属家具结构、家具典型部件结构及其连接、软体家具结构、家具结构的32mm系统） 2. 力学知识 3. 材料计算方法

二．世界知名家具公司介绍

1. 诺尔公司（Knoll Furniture Co.）

　　诺尔公司是一家具有德国设计文化渊源的家具公司，公司的创始人汉斯·诺尔（Hans Knoll）的父亲与德国包豪斯学院关系密切，并且为包豪斯制作现代家具。从成立以来，全世界数百名著名设计师曾为诺尔公司设计家具，全世界的主要博物馆都收藏了诺尔公司的家具作品。发展到今天，诺尔公司已经成为一个全球化的办公家具设计与制造的著名公司。

2. 米勒公司（Herman Miller Furniture Co.）

　　米勒公司是一家美国本土的传统家具公司，创建于1905年，在第二次世界大战后强调产品的设计，特别是查尔斯和蕾·伊姆斯夫妇的系列原创家具作品由米勒公司批量生产对现代家具的生产产生了巨大影响，成为了现代家具的设计制造中心，成为20世纪50年代起美国现代家具的领导性品牌公司。

3. 维特拉公司（Vitra Co.）

　　维特拉公司是欧洲最著名的办公家具公司，于1934年在瑞士创办。维特拉设计博物馆是全世界第一个由企业创建的现代家具设计博物馆。维特拉公司的建筑目前是全球著名建筑大师作品的汇萃地，维特拉家具产品的设计是世界先锋设计的试验基地。

4. 阿旺特家具公司（Avarte Co.）

　　专门为库卡波罗大师的设计而创办的家具制造公司，这种设计师与制造商长期合作的机制形成了设计与制造共同发展的双赢策略。阿旺特家具公司产品定位在一流设计，高档精品，高层消费。美学、人机工学、生态学是阿旺特公司的基本设计理念。

5. 丹麦FH公司（Fritz Hansen Co.）

　　FH公司是丹麦现代家具工业的老企业，创建于1872年，是一个在北欧传统家具设计基础上不断创新的著名品牌公司，历史上与著名设计师合作，推出过一批20世纪现代家具经典作品，确立了丹麦在世界家具业中的领先地位。其设计理念非常简约、朴素，旨在用艺术性与功能性统一的设计创造高质量的生活。

5. 意大利B&B公司

　　B&B公司是意大利现代家具设计制造公司，以一流设计和一流品质活跃在世界家具设计舞台上，其代表的意大利设计风格与北欧风格流派平分秋色。20世纪中叶之后意大利米兰和都灵成为了全世界的家具设计、制造、销售与展览的中心，B&B公司是其中重要的成员。

6. 瑞典宜家（IKEA）公司

　　宜家公司目前是世界最大的家居用品零售商，在22个国家总共拥有143家商场，20家授权经营商场，7万名员工。1943年由瑞典人坎普拉德创立，IKEA取自于他的名字首写（IK）和他所在的农场（Elmlaryd）以及村庄（Agannaryd）的第一个字母组合。宜家公司的家具设计融合创新精神和实用主义，再加上人性化设计，为市场提供种类繁多、美观实用、物美价廉的家具用品。

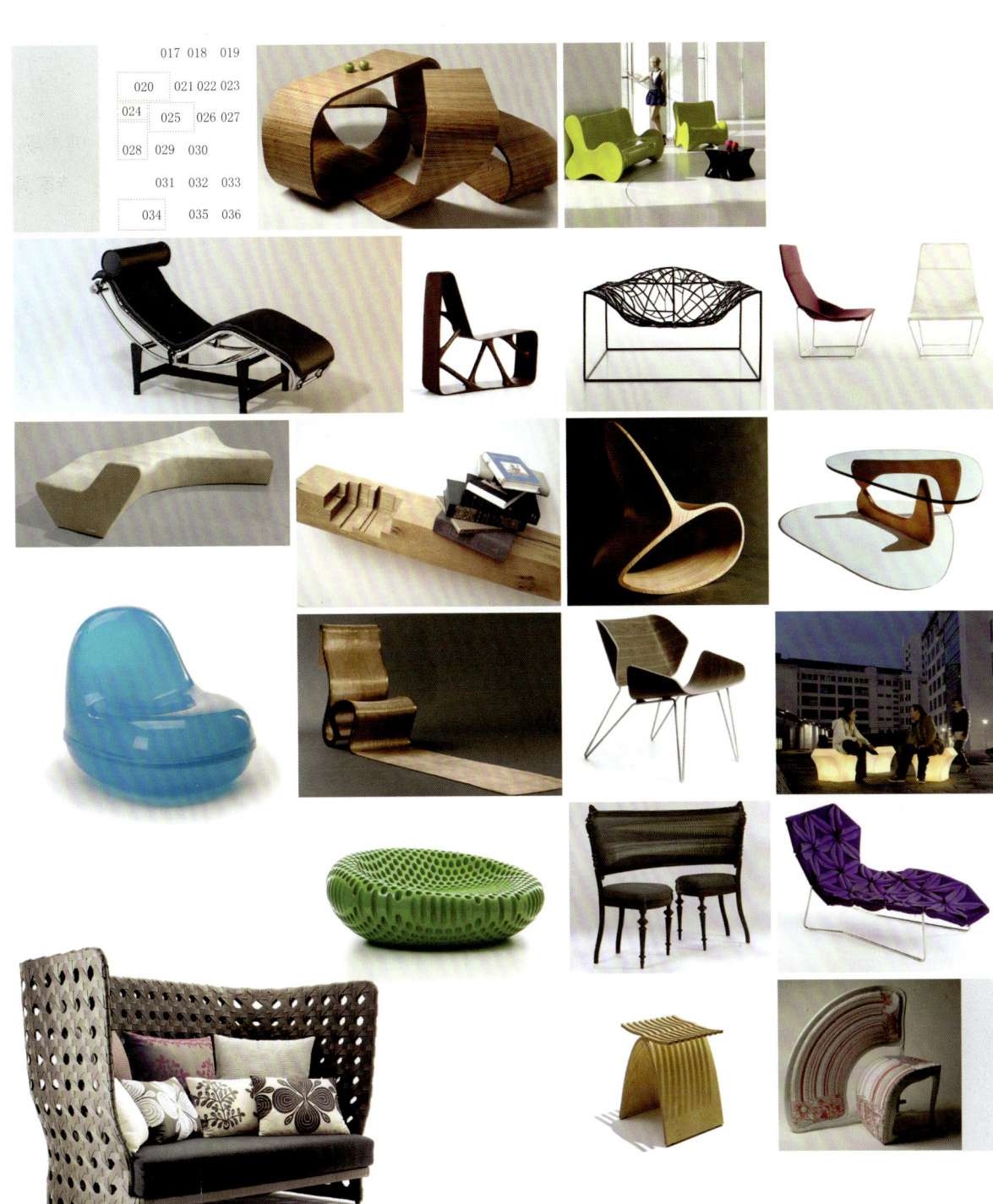

- 图017/Endless Nile Table
- 图018/Karim_Rashid_New_Furniture_For_Vondom
- 图019/Le Corbusier 所设计的躺椅
- 图020/Rose-Painting Chair
- 图021/Jean-Marie massaud-The Lounge Chair Ad-hoc
- 图022/Jean-Marie massaud-Ace Lounge Chair
- 图023/Zaha_Hadid_Moraine1
- 图024/Mike and Maaike
- 图025/Jolyon Yates
- 图026/Noguchi Table(野口勇)
- 图027/Karim_Rashid-Kapsule_Blue
- 图028/Ron Arad
- 图029/KVILE(REST)Chair Maria Bjorlykke
- 图030/Philips Design-Glowing_Places
- 图031/Jean-Marie Massaud Porrotruffle
- 图032/Sebastian-Brajkovic_Lathe-Viii
- 图033/Patricia Urquoila-1
- 图034/Patricia Urquoila-2
- 图035/Capelli Stool
- 图036/Sebastian-Brajkovic

• Myto Chair

（如图 011、图 012、图 013）

图 011

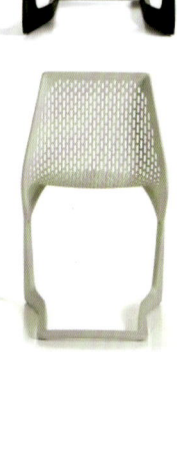

图 012

图 013

• Frank Gehry（如图 014、图 015、图 016）

图 014

图 015

图 016